どうぶつのくに

田井基文

講談社

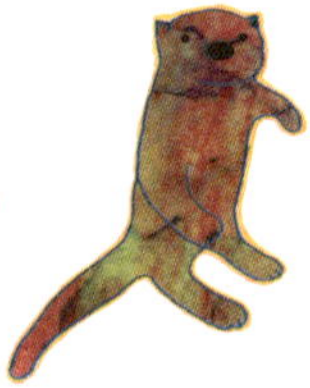
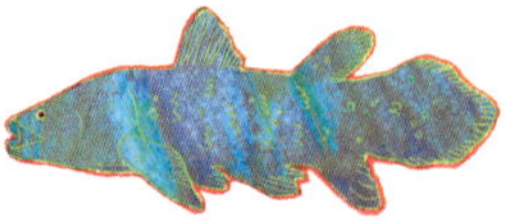
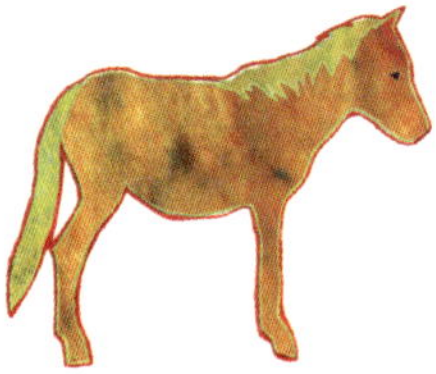
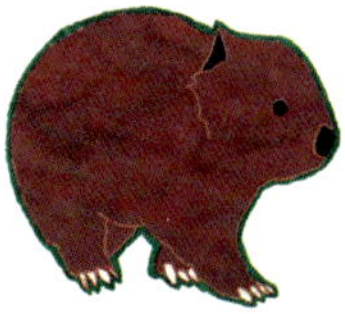

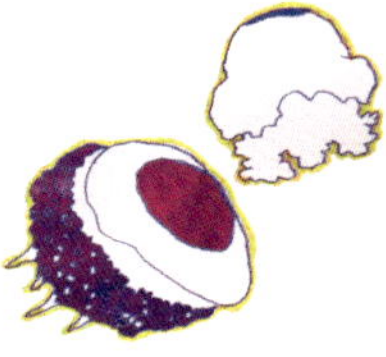
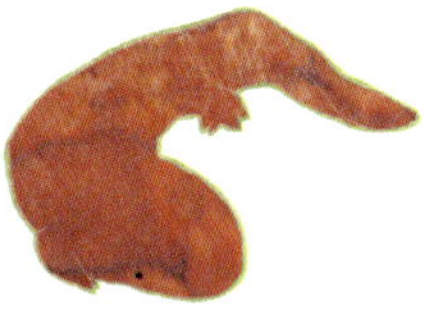
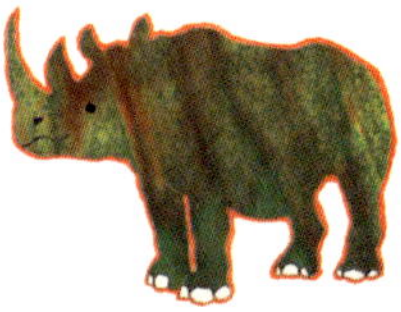
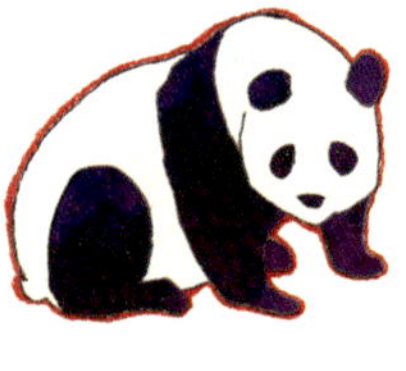

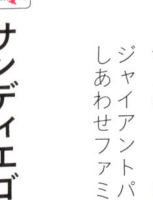

CONTENTS

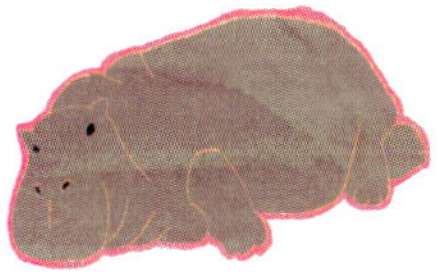
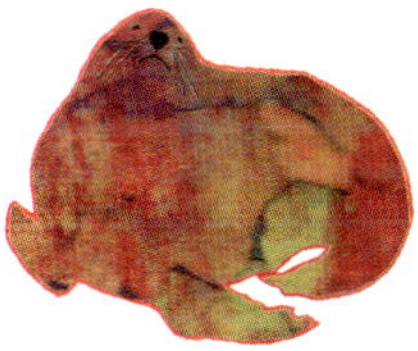

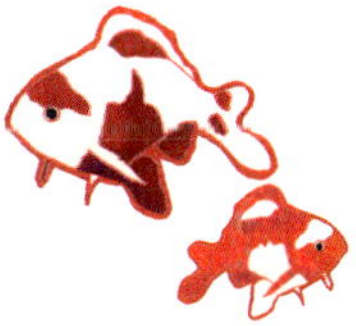

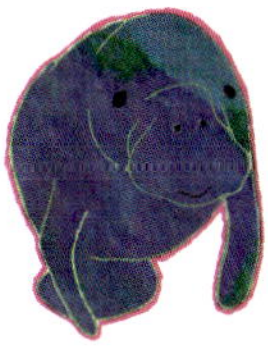

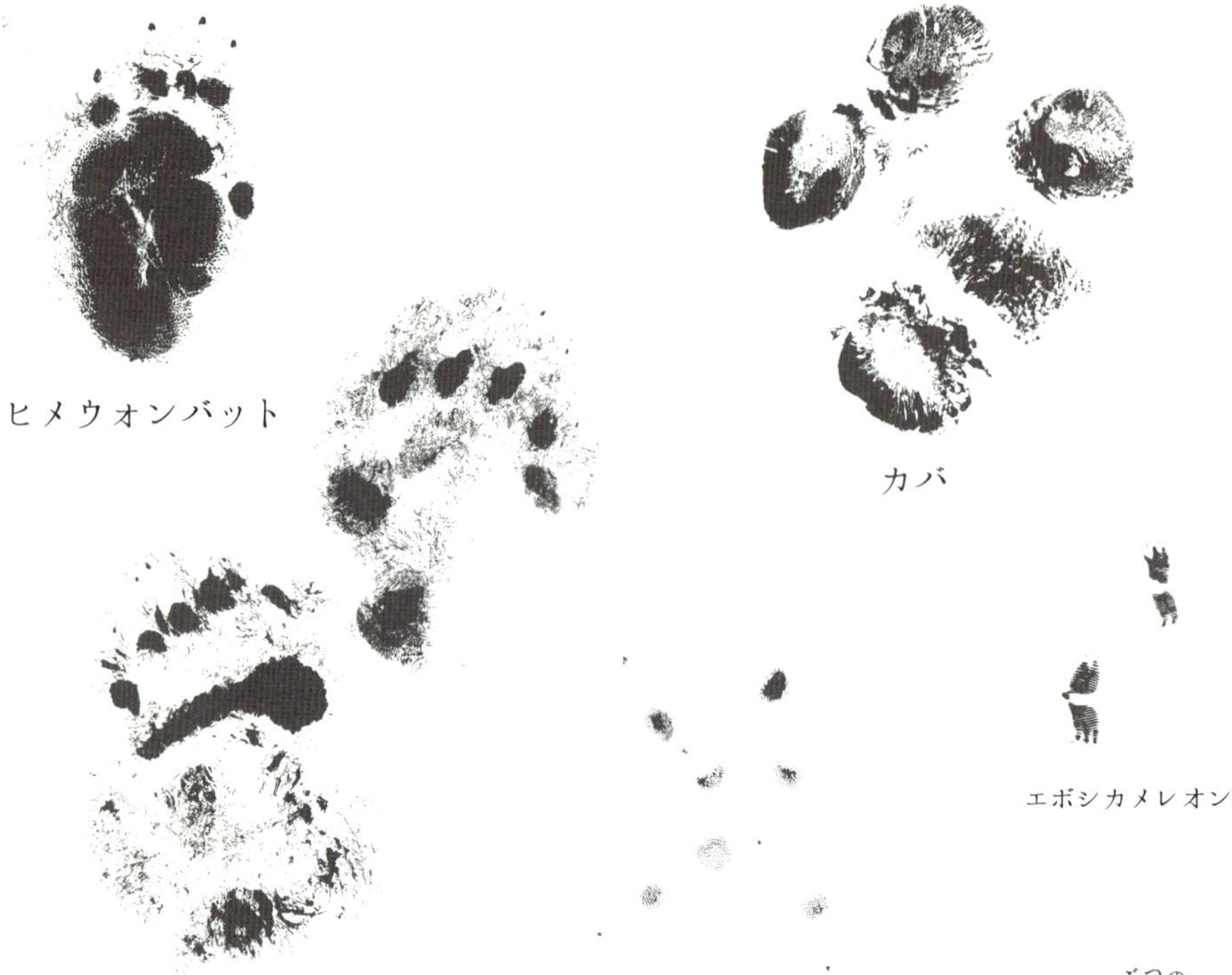

どうぶつのくに All Stars

どうぶつのくに出版、おめでとうございます！

上野動物園元園長・足拓墨師
小宮輝之

『どうぶつのくに』は私が上野動物園の園長だった二〇〇九年春に創刊した動物園コミュニティ誌である。最初は上野動物園をテーマにしていたが、その後日本各地の動物園水族館を対象に発展し、さらに世界中の動物園水族館へ、そして世界の野生動物へと話題を広げていった。すでに、国内六十四ヵ所の動物園、水族館を取り上げ、海外でも三園館と五ヵ所の野生動物生息地の情報を発信してくれている。

どこの動物園にも、どこの水族館にも、自慢の動物がいたり、コレクションが揃っていたりするものだ。小さな動物園水族館でもキラッと輝く生き物がいて、感激することがある。今回、『どうぶつのくに』がはじめて本としてまとまるに際して、ここだけといったユニークなコレクションやオリジナルな展示をしている動物園水族館が取り上げられているのは、実に嬉しいことである。

金魚が売りの小さな水族館、地元の文化を支えてきた在来家畜や家禽《かきん》に会える動物園、クラゲで生き返ったクラゲ世界一水族館、ウォンバットならパンダならカバならカメなら日本一の

オオサンショウウオ

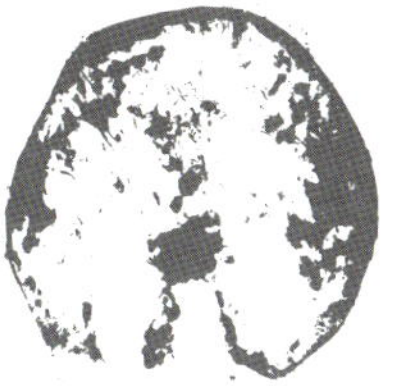

与那国馬

クロサイ

ガラパゴスゾウガメ

トド

動物園、唯一のジュゴン水族館、オオサンショウウオならまかしておけと胸を張れる動物園、トドやアザラシなど海獣王国水族館、シマフクロウの域内保全に取り組む動物園、そして東日本大地震から見事に復興し蘇《よみがえ》った竜宮城水族館と、動物園水族館ファンだけでなく、多くのみなさんに知らせたい内容が詰まった選定だ。

私自身の最近の動物園水族館巡りは、まだ見たことのない動物に会う旅の様相を帯びてきた。哺《ほ》乳類《にゅうるい》や鳥類に限らず魚類でも無脊椎《むせきつい》動物でも、まだ見ぬ未知の生き物の情報をキャッチしたら、出かける意欲が掻きたてられる。外国情報もあまり知られていない、行ったことのない魅力の詰まった動物園水族館が紹介され、旅に出たくなる構成だ。まだまだ、日本中世界中を見渡せば行って見たくなる動物園水族館がある。これから先も、動物園水族館のすばらしい情報発信を続けてもらえることを願い、出版のお祝いといたしたい。

（こみや・てるゆき）1947年東京・神田生まれ。明治大学農学部を卒業し、1972年、多摩動物公園の飼育係として動物園人生をスタートした。1986年から上野動物園に勤務し、2004年から2011年まで園長を務めた。動物と動物園を愛し、国内外の動物園・水族館巡りと動物の写真撮影を趣味としている。『地球・生きもの大図鑑』（永岡書店）、『あしあと動物園　足拓コレクターのフィールド日誌』（ぱる出版）など著書多数。昨今は“足拓墨師”としても活躍、『どうぶつのくに』巻末でもコラム「どうぶつの足跡」を好評連載中。

アクアマリンふくしま

Animal info

潮目の海の三角トンネル
Triangular Tunnel of Current-rip

2050t を誇る同館の大水槽。日本の南から黒潮、北から親潮に乗って魚たちは何千kmもの旅の末、ここ福島県沖で出会う豊かな海を表現。水槽前のSushi-Bar「潮目の海」では、水槽を眺めながら寿司を食べられる。

福島県はいわき市のアクアマリンふくしま。ここは水族館（アクアリウム）でありながら海洋博物館（マリンミュージアム）でもあるというところから名付けられた日本が世界に誇る施設です。館長の安部義孝《あべよしたか》さんが二〇〇〇年の開館当時に掲げたキャッチコピーは“inspiring aquarium”すなわち「こころを揺さぶる水族館たれ」といったところでしょう。まさかその十一年後に東日本大震災という大惨事を被《こうむ》り、そしてそれを見事なまでに乗り越えるという、とてつもなく壮大なドラマが国民たちのこころを大きく揺さぶることになろうとは、誰が想像したでしょうか。

　同館は震災時に津波に飲み込まれたことで、停電によって水槽のポンプなどがすべて止まってしまい、飼育していたどうぶつたちの約九割を失いました。休館を余儀なくされたアクアマリンでしたが、国内外の動物園・水族館の協力を得ながら新しく採集もして、展示生物数を震災前と遜色のないところまで回復させ、震災からたったの四カ月で再オープンを果たしたのです。震災で崩れ倒れた家屋や瓦礫《がれき》、津波で打ち上げられたゴミや生き物の腐臭だらけだった地元小名浜《おなはま》の港において、アクアマリンの再生はどれほどの勇気と希望を与えたか、筆舌には尽くしがたいものがあります。安部館長の指揮のもとで、どうぶつたちがすみやすく人々に安らぎを与える施設として、これまでの水族館の概念を超えた“新生アクアマリンふくしま”となるべく、職員たちが一丸となって努力を重ねてきた成果です。実は冒頭に述べた、日本が世界に誇る施設たる所以《ゆえん》はここにあります。単に展示のクオリティを求めることは容易《たやす》いことですが、そこに裏打ちされた確固たる信念とコンセプトは真似できるものではありません。震災からの復活も“inspiring aquarium”でなければ、決して成し得なかったドラマなのです。

　こうして、アクアマリンにも館内のあらゆるところに子どもたちの明るい歓声が戻ってきました。福島沖で暖流と寒流が交わる“潮《しお》目《め》の海”を表現した「三角トンネル」、道具など使わず裸足《はだし》で小魚や貝を探す「蛇の目ビーチ」、釣った魚をその場で調理して食べるなど“命の教育”をテーマにした「子ども体験館・アクアマリンえっぐ」。そして二〇一五年にオープンした、古代日本人が体現していた自然との共生を学ぶことのできる「わくわく縄文の里」、同じ福島県内の猪《い》苗代《なわしろ》湖畔にオープンした淡水魚専門の水族館「アクアマリンいなわしろカワセミ水族館」など、まだまだアクアマリンがその歩みを止めることはありません。地球の未来を担《にな》う子どもたちと、それを守り育てるおとなたちに、真の遊びと学びの場を提供するために。

　新しい仲間や、震災を乗り越えて力強く生きるどうぶつたちに、会いに来てみませんか。きっと読者の皆さんのこころを動かすような経験をしていただけること、請け合いです。

アクアマリンふくしま

営業時間：9:00〜17:30（通常期。季節により異なる）
入館は閉館1時間前まで。年中無休。
アクセス：常磐自動車道いわき湯本ICから約20分
所在地：〒971-8101 福島県いわき市小名浜字辰巳町50

よみがえった奇跡の水族館
～“生きた化石”に学ぶ～

震災を乗り越えた、ほんの数%のどうぶつたち。彼らは何者で、一体なぜ生き抜くことができたのか。シンプルで省エネな、淡水魚や“生きた化石”たちのエコライフは、我々人間が今こそお手本とすべき理想のライフスタイルなのかも知れません。

淡水～汽水域（河口）の魚たち

ヤリタナゴ
Slender Bitterling

日本産のタナゴ類としては国内でもっとも広く分布する種。ヒレの縁にオレンジ色が出るのがオスの婚姻色。

アミメハギ
Reticulated Filefish

日本にすむカワハギの中では最も小型で、成魚は体長約 8cm。ユニークな顔をしています。

オイカワ
Pale Chub

初めて本種を欧州に紹介したのはシーボルト。属名“*Zacco*”の由来はもちろん日本語の「雑魚」です。

ホウボウ
Sea Robin

河口付近の砂場に生息。青緑色の胸ビレを持ち、脚のような３対の「指」で海底を歩きます。

ホトケドジョウ
Japanese Eight-barbel Loach

口ひげは4対で合計8本。やさしい顔が仏様のよう?というのが名前の由来と言われています。日本固有の絶滅危惧種。

ウグイ
Japanese Dace

「ふくしまの川と沿岸コーナー」で見られるウグイ。オス・メスともに繁殖期には赤い婚姻色が出ています。

アクアマリンふくしまでは、海の生き物のほか、福島県や世界の川にすむ魚たちも展示しています。震災で生き残った生き物の多くは、これらの淡水魚でした。水温や水質が変化しやすい川にすむ魚は、停電で水を循環させるポンプが止まった状況にも強いのです。「生きた化石」と呼ばれる古代魚たちも生き残り、震災後の数週間を冷たい水槽で耐えてから、他の水族館に運ばれました。億万年のさまざまな環境変化を生き抜いた古代魚が、現代の震災でもその生命力を証明してくれたのです。

海の魚でも、潮だまりの魚たちの飼育では電気は必要ありません。震災を経験し、「これからの水族館のあり方について、改めて考えさせられた」と、安部義孝館長は語っています。

“生きた化石”たち

シロチョウザメ
White Sturgeon

最大約6mにもなる世界最大級の淡水魚。ウロコが蝶々の羽に見えるところからのネーミングです。卵は世界三大珍味のひとつキャビアとして有名。

ポリプテルス・エンドリケリー
Saddled Bichir

アフリカの淡水に生息する古代魚。肺が発達し、えらが体の外にのびています。ポリプテルスとは「たくさんのひれ」という意味で、独特の背びれがあります。

アメリカカブトガニ
Atlantic Horseshoe Crab

3億年前から姿がほとんど変化していない節足動物。体は硬い殻に覆われ、干潟や海底に暮らしています。昨今、医療分野への応用が注目を集めるどうぶつです。

オオサンショウウオ
Japanese Giant Salamander

少なくとも3000万年前から姿を変えていない世界最大の両生類。日本の固有種で、1952年に国の特別天然記念物に指定されています。

シーラカンス
Coelacanth

約3億7000万年前に地球上に現れ、現在もほとんど姿を変えずに生き残っています。「シーラカンスの世界」では、アクアマリンふくしまによるシーラカンスの生態調査と研究成果はもちろん、生物の進化と絶滅のカギを握るシーラカンスの仲間やその生態について詳しく紹介しています。

進化するアクアマリン

震災から奇跡のごとき復活を遂げた、不沈艦アクアマリンの航海はまだまだ続きます。二〇一五年にはふたつの大きなエポックメーキングな施設がオープンし、世界に対してその発信力を益々強めています。どちらも共通していることは、〝水、そしてどうぶつたちとの共生〟です。「消費」をせずには生きていけない我々人間が、いかに自然環境に対して過度な負担を強《し》いることなく他のどうぶつたちと暮らしてゆけるか。河童のモデルであるカワウソが戯《たわむ》れる姿を見たり、〝多様〟という以外に表現が見当たらない水生昆虫が一堂に会する様子に舌を巻いてみたり、釣った魚を自分で調理して食べてみたりしながら、考えるきっかけになることをねがっています。

“わくわく縄文の里”の大滝

カワセミ水族館の水生昆虫展示“aqua cube”

「アクアマリンふくしま」がよみがえるまで

127日、それがこの水族館が要した再起動までの日数でした。震災から5カ年が経過した今こそ、この軌跡と奇跡をもう一度、ご覧いただきたいと思います。安部館長と、すべての飼育係たち、全国のサポーターに拍手と感謝の気持ちを忘れることがないようにというねがいを込めて。

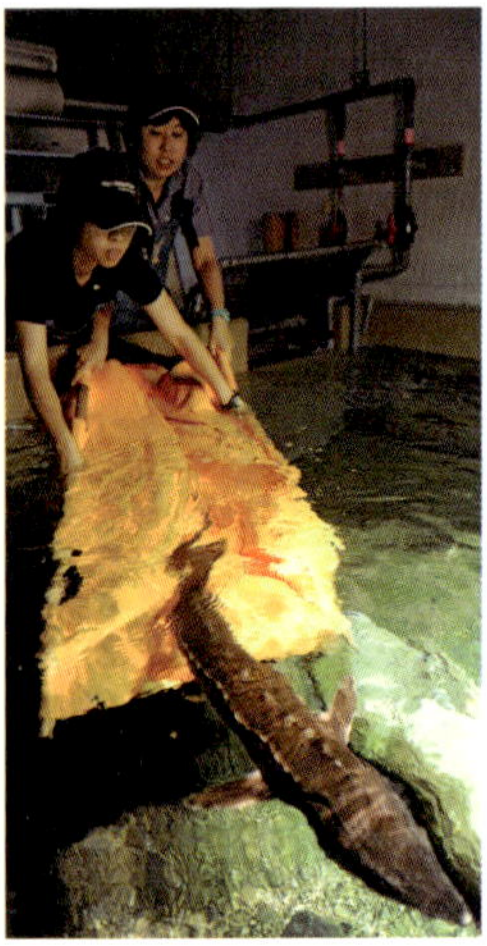

再開館直前、他の水族館に避難していたチョウザメを水槽に放すスタッフ。

駐車場スペースに今も残る大きな地割れ。再開館後も、復旧作業は続いています。

「蛇の目ビーチ」の改修工事。砂の下の防水シートが地震で損傷し、多くの生物が津波で海に流されました。

津波発生時の小名浜港２号ふ頭のようす。今なおショックの大きい映像です。情報コーナーで録画したビデオを展示しています。

採集で集めてきた魚をライトで確認。傷などがないか、慎重にチェックします。深夜早朝を問わず多くのスタッフが汗を流しました。

地震で水槽内の水が動く「水槽内津波」により、損傷した大水槽の工事。世界の水族館でも分厚いアクリルガラスが割れたのは初めてでした。

大震災から約四ヵ月。津波で甚大な被害を受けながら、それだけの短期間で再開館できたのは、震災直後の自宅待機期間から自主的に出勤して作業を続けたスタッフをはじめ、全国各地の水族館・動物園、地元企業、他県からの業者の方々の協力があってこそでした。そして今、アクアマリンふくしまは再開館を果たし、次世代に向けた水族館として新たなスタートを切りました。東京電力福島第一原子力発電所の事故による問題は残っていますが、アクアマリンふくしまでは定期的に空気中と海水の放射性物質量を計り、安全をはかるとともに、福島県内を流れる河川の放射性物質量を測定し、放射性物質による環境汚染が野生動植物にどのような影響を与えるのかを継続的に調査しながら公式HPなどで発信し続けています。

アクアマリンふくしま 復興への道のり

三月十一日	午後二時四十六分 東日本大震災発生
	午後二時四十九分 大津波警報発令
	午後三時十分 館内お客様の避難完了
	午後三時二十分 津波第一波
	午後七時三十分 津波最大波到達 波高四・二m（四号ふ頭）
三月十二日	館内に避難していたスタッフ八十名が帰宅
三月十六日	海獣類などの避難開始
四月一日	館内照明一部復旧
四月二十一日	水道一部復旧
四月二十五日	職員の自宅待機解除
六月八日	いわき市内で移動水族館開催
六月十四日	避難していた生き物の帰館開始
七月十五日	営業再開

震災をのりこえて

東日本大震災から5年という節目に、安部義孝さんを差し置いて誰に『どうぶつのくに』のコラムをお願いできましょうか。震災を乗り越えたアクアマリンの名キャプテン、ミスター・水族館たる安部さんの存在感は世界に轟き、今なお業界のトップランナーです。2018 年開催の国際水族館会議（IAC）はもちろんですが、日本の水族館ファンたちの夢である生きたシーラカンスの展示もきっと近い将来、他でもないここいわきの街で実現してくれることでしょう。

安部義孝（あべ・よしたか）

1940 年東京都生まれ。東京水産大学増殖学科魚類学教室卒業後、上野動物園水族館勤務。1968 ～ 69 年、クウェート科学研究所研究員となる。帰国後、東京都多摩動物公園昆虫園勤務を経て、東京都葛西臨海水族園長、上野動物園長を歴任。2000 年より（公財）ふくしま海洋科学館・アクアマリンふくしま館長。主な著書に『クウェートの魚』など。

このたび『どうぶつのくに』の田井基文編集長から災害からの復興を含めて一文の寄稿をご依頼いただきました。田井編集長は『どうぶつのくに』の編集はもちろん、写真家としても国内外の動物園水族館を舞台にされ、そのご活躍ぶりに感服しております。小名浜港二号埠頭に開館した「アクアマリンふくしま」は二〇一〇年には十周年を祝い、新設した「子ども体験館・アクアマリンえっぐ」と、漁港区に「うおのぞき子ども漁業博物館」の両翼を備え新たな飛翔を誓った矢先の被災でした。そんな二〇一一年三月十一日から五年、奇跡の日々の日記をご紹介して、自らの記憶の風化を防止すると同時に、『どうぶつのくに』読者の皆様の御心配に対する感謝の一文と致します。

あの日

　行方不明になったとあきらめかけていたユーラシアカワウソのメス〝チロル〟が被災から十日後、二〇一一年三月二十一日に水の抜けた水槽に隠れているのを夜間巡回していた職員が見つけました。思い返すと、この一つ目の僥倖《ぎょうこう》から全てが始まったように思います。調査を経て、建物のダメージが案外少なかったことが僥倖の二つ目。三つ目は、港外の三崎から延々二kmに及ぶ海水取水ラインが生きていたこと、四つ目は空梅雨《からつゆ》だったこと。どれが欠けても七月の再開館は難しかったでしょう。再開館の日を、七月十五日、開館記念日と心に決めました。重機がうなりをあげて復旧を加速させました。直後から日本動物園水族館協会のネットワークが稼働しました。大物のトドやセイウチなどの海獣類は鴨川シーワールドを経て各地の動物園水族館へ避難していきました。環境激変を平然と生き延びたカブトガニ、チョウザメ、ナメクジウオなど「生きた化石」たちは新潟市水族館マリンピア日本海に避難していきました。七月に入ってこれらの避難組が続々と里帰りしてきました。二十tの活魚トラック〝碧竜〟は収集ルートを驀進《ばくしん》しました。長いトンネルに光明がみえたのは六月も半ばすぎでした。全てに「ありがとう」と何度でも叫びたい気持ちでした。

あの時

　被災から百二十六日目、二〇一一年七月十五日、再オープンのセレモニーを、アスファルトのガレキで作った「がれき座」の舞台で挙行しました。模型の大卵の中には、十五日に合わせて二十日前に孵卵器《ふらんき》をセットした会津地鶏の雛《ひな》が孵《かえ》っていました。除幕の卵割りで雛が飛び出しました。カリフォルニアのモントレー水族館からは副館長格のチャールズ・ファーツェルが駆けつけていましたし、当時の渡辺敬夫いわき市長、日本動物園水族館協会の山本茂行会長、海獣類のレスキューにご尽力いただいた鴨川シーワールドの荒井一利館長、会津地鶏の卵をご提供いただいた大國魂《おおくにたま》神社の山名隆弘宮司、などなど、世界と地域が結びついたイベントとなりました。

　私たち、動物園や水族館で働く者は、利用客のピークはゴールデンウイークと夏休み、二つの峯をいかに高くするかが運営の要だということを知っています。最初の峯を失ったアクアマリンふくしまは、何とか夏休み前までには再開館しようという無言の合意があったと思います。七月十五日、再開館すると地元のお客様がかけつけてくれました。どなたからも、再オープンを祝していただきました。アンケートの「嬉しくて涙が止まらない」との記述に、職員一同、苦労が報われたと思いました。

あれから

　地震と地盤沈下、液状化、津波に洗われたアクアマリンふくしまの庭にアスファルトなどの廃材を集めてつくった「がれき座」は格好のお祭り舞台になりました。様々なイベントに利用いただきましたが、特に24時間テレビで「がれき座」が熱くなりました。当日はあいにくの雨天でしたので館内のシアター舞台も併用しましたが、大漁と五穀豊穣を祈る諏訪神社の獅子舞、じゃんがら念仏踊り……能楽講座「羽衣」の着付けもよい趣向でした。また、避難区域の浪江《なみえ》小学校の生徒の田植え踊りが涙をさそったことをよく覚えています。小名浜港大剣《おおつるぎ》の木材組合の講堂で「海道の歴史と文化に学ぶ」講演会が開催され、福島の民俗学者・懸田弘訓氏の「田植え踊りは東北にしかない。それは凶作と飢饉《ききん》の暗い歴史から立ち上がる豊作祈願だった」は、浪江の被災とシンクロし聴衆の胸を打ちました。いわき地方振興局県税部の吉田課長の「神社仏閣はほとんど例外無しに津波遡上限界ラインにある」にも納得しました。

そして今、これから

　原発の事故は文明を脅《おびや》かす災害です。この立地の水族館として何が出来るか智恵を絞らなければなりません。これだけファンダメンタルの良い水族館ですから、このまままじり貧ではもったいない。風評退治の一つ目は、混乱している学者発の風評にとどめを刺すために、アクアマリン環境研究所を設立し放射線汚染の実態を自ら発信すること。二つ目は「子どもの体験の場は放射線フリーでなければならない」ということの再確認と共有。そして三つ目が「おとなの水族館」構想です。アクアマリンふくしまは子育て支援の役割を担っていますが、実は少子高齢社会にあっては、高齢者を「おもてなし」することが経営戦略でもあります。そのために、被災後はよりアート路線に力を注いでいます。館内の「自然」を詠《よ》んでいただく投句の通年募集や、小名浜盆栽研究会の協力で、南北のテラスに盆栽の四季展示、また、館内一部を画廊として機能させたりもしています。小名浜国際環境芸術祭の定番となったデザイン大漁旗、ここアクアマリンで産《うぶ》声《ごえ》をあげた『どうぶつのくに』田井編集長の写真展〝ＫＩＤＺＯＯ〟シリーズも国内のみならず、海外へと広がりを見せているのは嬉しい限りです。

「緑の水族館」と原風景保存へ

アクアマリンふくしまの建築は、総ガラスですから、館内の緑は樹木や海藻もふくめて成育中です。開館以来のとりくみに、外構域の緑化につとめてきました。建築を映す水鏡であった水盤は、「ビオビオ河童《かっぱ》の里」（春にはカエルが〝ビオビオ〟と鳴くビオトープ）に、その外周に四千㎡の「蛇の目ビーチ」（童謡「あめふり」より命名）は、子どもたちの水遊びの人工海岸になりました。被災後は、緑化方針を館へのアプローチに拡大しました。二〇一四、一五年には、クウェート王国からの援助を原資に「クウェート・ふくしま友好記念日本庭園」と、約一haの「わくわく里山・縄文の里」を造成しました。いまや小名浜港二号埠頭《ふとう》は「緑の水族館」に変身したのです。

小名浜港は依然として復旧復興のつち音が高く響いていますが、ここで忘れてはいけないのは「原風景」の保存です。四棟の倉庫群のうち二棟の倉庫が津波によって失われました。復活したいものです。ここは、地域のアート展の場でもありました。あれから五年、今、原風景の保全に留意すべき時です。ニューヨークのソーホーをもじってＳＯＫＯと、すでに名前をつけて復活を願っております。皆様のご支援をお願いいたします。

沖縄こどもの国

Animal info

与那国馬
Yonaguni
Equus caballus

沖縄県与那国島のみに生息している在来馬で1969年に与那国町の天然記念物に指定された。体高 120cm と小柄ながら骨格がしっかりしていて、人や荷物の運搬に活躍。ほとんどが鹿毛（茶色の毛色）である。

読者の皆さんもよくご存知の通り、九州の南から台湾に至るまでの洋上に連なる約二百の島々が織り成す〝琉球弧〟の自然は、日本の本州にいては決して想像もつかないほど豊かでユニークです。ここ沖縄こどもの国はそんな琉球弧の生態系のみならず、歴史や文化をも体現しようと努力を重ねている動物園。二〇一五年に沖縄県で初めて繁殖に成功したアジアゾウをはじめとして熱帯や亜熱帯に暮らすどうぶつたちが来園者の人気を博していますが、何といっても同園一番の魅力は琉球弧のどうぶつたち。定番のハブとマングースはもちろん、カンムリワシやアグーなどキャラの立ったどうぶつたちがたくさんいる中でも二〇一三年にスタートさせた沖縄在来馬たちによる琉球競馬「ンマハラシー（〝馬を走らせること〟の意）」こそが、同園の本分を表現するに最も相応《ふさわ》しいと言えそうです。

　ンマハラシーは、もともと琉球王朝時代に地元の有力者たちがスタートさせた娯楽で、その後は沖縄の伝統行事として各村落や島々に拡がりました。イングランド人航海士のウィリアム・アダムス（三浦按針）による記録こそがその最古で、なんと一六一五年。一般によく知られる現代の競馬が、初めて本州で開催されたのは鎖国が解かれた直後の一八六〇年なので、いかにンマハラシーの歴史が古いかがお判《わか》りいただけるでしょう。このンマハラシー、実は第二次世界大戦の影響で一九四三年以来その歴史が途絶えていたのですが同園が沖縄市と協力して二〇一三年に七十年間の時を超えて復活させました。戦火に曝《さら》されたこともあり、これぞというルールブックなども現存しない中、同園が独自にその当時を知る地元のオジー（おじいさん）たちから長年地道な聞き取り調査を重ねてやっとの思いで形を整え、開催に漕ぎ着けました。

　いわゆる現代競馬をスピードスケートに喩えるならば、ンマハラシーはまさにフィギュアスケート。単なるスピード勝負ではなくその美しさこそが勝敗の分かれ目となります。馬の歩き方や姿勢、リズム、そして馬と騎手が身につける衣装のデザインをも含めたトータルの優美さによる競演なのです。古来沖縄の人間とどうぶつとの関わり、そしてその深く美しい精神性がこれほど見事なまでに表現された行事は他にありません。

　同園からも、毎回沖縄在来の与那国馬《よなぐにうま》が出場しています。オスの「どぅなん」（与那国島の方言で〝与那国〟）は過去五回の優勝を含む大活躍で、いつも会場を湧かせる名馬中の名馬。「誰より男らしく、勇壮に走ってくれます」と飼育係兼騎手の山本《やまもと》暁《あきら》さん。単なるイベントとしてではなく、沖縄が誇るべき文化として次世代に継承するためこどもたちを対象にして在来馬のことを学ぶ「ンマスクール」もスタートしました。家畜たるどうぶつたちがその存在価値を発揮するために、まずは私たち人間が学ぶべきことがたくさんありそうです。

沖縄こどもの国

営業時間：9:30～17:30（4～9月は～18:00）
入園は閉園1時間前まで。火曜休（祝日なら翌日休）。
アクセス：沖縄自動車道　沖縄南ICより約10分
〒904－0021 沖縄県沖縄市胡屋5－7－1

与那国馬と"シマハラシー"

沖縄こどもの国が70年の時を超え復活させた古《いにしえ》の琉球競馬ンマハラシー。これこそ沖縄在来馬たちの出番と言っても過言ではありませんね。人間とンマ（馬）たちが一緒になって勝負に臨む姿は、美しくも勇ましく、そしてそこはかとなく沖縄テイストなのです。

どぅなん ♂·2007年生まれ

2016年1月のンマハラシーでなんと5冠を達成しました。その精悍な顔つきから、同園きっての男前との評判も高い名馬です。

なびぃ ♀·2005年生まれ

沖縄の方言で"鍋"を意味します。昔は人間に対しても身近な日用品を名前にすることが多かったようです。負けず嫌いな性格です。

ンマハラシー（琉球競馬）

ンマハラシーは、一対一の勝負を繰り返すトーナメント方式。人間もンマも、沖縄の伝統衣装を身に纏って勝負に挑みます。二頭が並んで、同時に決まったそれぞれのコースを往来します。“側対歩”という独特の足運びがポイントです。審判たちがその美しさと正確さを見極めて、勝敗をジャッジします。

馬の走り方の名称

↑地面についている足

「並足」
ゆっくり歩くとき

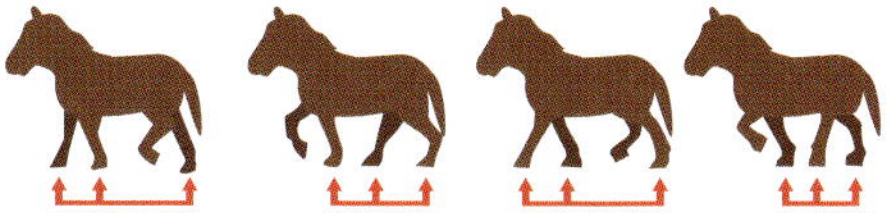

「速足」
急ぎ足のとき

「駆足」
飛ぶように走るとき

“側対歩”って？

右前脚と右後脚、左前脚と左後脚を同時に動かします。これは単に見え方が美しいということのみではなく、鞍上する人間に上下の振動を与えずに安定感を与えるという目的もあるのです。

勝敗の判定

復活前のンマハラシーを知るオジー（おじいさん）たちが審判として、勝敗の判定を行いました。

衣装は“知花花織”

18 世紀頃から現在の沖縄市あたりを中心に伝わっているデザイン織物“知花花織”は国指定の伝統工芸品。ンマハラシー他、沖縄の晴れの舞台には欠かせない衣装なのです。

なびぃの出産

二〇一五年一月に、なびぃがお母さんになりました。初めての出産でしたが、無事に元気な男の子が生まれました。名前は「なぐに」、とってもやんちゃな性格で広場を駆ける様子はまさに“疾《はや》きこと風の如し”です。名馬どぅなんの血を引く、このなぐに君がンマハラシーで活躍する姿が今から楽しみです。親子で優勝を争う、なんて日がやってくるかもしれません。

日本在来馬大図鑑

古くから日本にいて海外の馬と交配することなく残ってきた馬を日本在来馬と呼びます。現存するものは8種に分類されますが、いずれも個体数が少なく絶滅を危惧される、まさに「生ける文化財」なのです。

木曽馬（きそうま）
Kiso

飼養頭数 164頭 2

原産地：長野県、岐阜県
体高：125 ～ 135cm
毛色：鹿毛、黒鹿毛、栗毛、河原毛、青毛　長野県の天然記念物

平安時代からの名馬の産地木曽が産み出した本州に残る唯一の在来馬で、日本の在来馬の中ではもっとも大型。明治時代に雑種化が進み絶滅の危機に陥りましたが、神社に神馬として奉納されていた個体を基に復元されました。

北海道和種（ほっかいどうわしゅ）
Hokkaido "Dosanko"

飼養頭数 1148頭 1

原産地：北海道
体高：123 ～ 135cm
毛色：粕毛、栗毛、月毛、鹿毛、河原毛、青毛、葦毛、佐目毛

江戸時代に現在の北海道松前郡へニシンの運搬などのため持ち込んだ南部馬が祖先といわれています。寒さに強く持久力もあるので、北海道の開拓に貢献しました。一般に道産子（どさんこ）と呼ばれるのがこの馬です。

トカラ馬（とからうま）
Tokara

飼養頭数 114頭 6

原産地：鹿児島県（トカラ列島）
体高：100 ～ 120cm
毛色：黒鹿毛、鹿毛　鹿児島県の天然記念物

鹿児島県トカラ列島の宝島だけで飼われていた種で、在来馬としても最小クラス。明治30年頃に喜界島《きかいじま》から移入されて昭和27年に在来馬として確認されるまで50年以上の間、他の馬と交配することなく繁殖が続けられてきました。

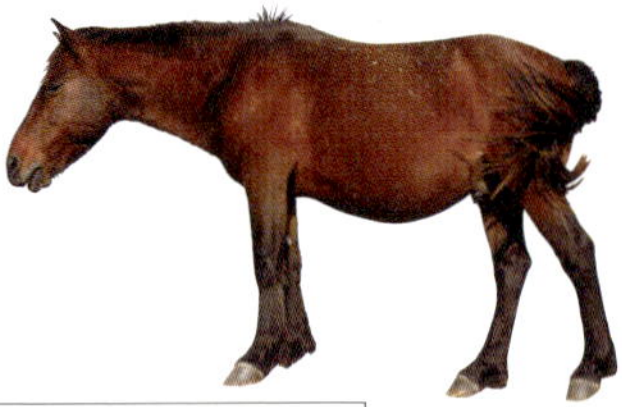

御崎馬（みさきうま）
Misaki

飼養頭数 87頭 5

原産地：宮崎県（都井岬）
体高：130 ～ 135cm
毛色：鹿毛、栗毛　国の天然記念物

斜面が多い宮崎県の都井《とい》岬で一年中放し飼いにされるため、野生馬と呼ばれるほど粗食にも耐え丈夫なからだをしています。鰻線といわれる色の濃い毛の帯が背中に現れることが多く、足首が黒いのが特徴です。岬馬とも表記します。

こんなに違う！ 馬の背比べ

馬の身長は体高とよばれ、地面から肩の高さで表します。もっとも高いのは、北海道産の輓馬《ばんば》。現在の輓馬は外国の重輓馬（ペルシュロンやプルトンなど）の異品種間交配による雑種強勢で大きく作っています。最小はミニチュア・ホースで、体高五十一cm、体重十三・五kgというメスの記録があります。

シェトランド・ポニー
62 ～ 112cm

ミニチュア・ホース
60 ～ 80cm

ウマの伝来　ウマは5世紀頃に、朝鮮半島を通る北ルートで対馬や九州北部に入り、全国に広まりました。この頃の古墳からはウマの埴輪も出土しています。南西諸島の小型の在来馬は中国南部から入ったと考えられたこともありましたが、遺伝学的な解析をしたところ、小型の在来馬も北ルートから導入されたという結果がでています。その後、15世紀頃からはシベリアから東北地方北部に蒙古馬が導入され、名馬といわれながら現在では絶滅してしまった「南部馬」の改良に利用されていました。

対州馬（たいしゅうば）
Taishu

飼養頭数
28頭
4

原産地：長崎県（対馬）
体高：120～130cm
毛色：鹿毛　里鹿毛、栗毛

朝鮮半島からきたと考えられる対州馬は、古くから荷物や人を運び田畑を耕してきました。対馬で生まれた対州馬は、坂が多い長崎市で建設資材の運搬などに近年まで活躍していました。地元では「対馬馬《つしまうま》」とも呼ばれます。

野間馬（のまうま）
Noma

飼養頭数
60頭
3

産地：愛媛県（今治《いまばり》市）
体高：100～125cm
毛色：鹿毛、栗毛、青毛、葦毛、連銭葦毛、山鳥葦毛　今治市の天然記念物

愛媛県の在来馬。江戸時代、農民に馬を飼わせていた今治藩。しかし大きい馬を軍馬として買い上げられてしまう農民たちは、農業の助けとなる小さい馬を作ろうと努力した結果、野間馬は最も小型の在来馬となりました。

与那国馬（よなぐにうま）
Yonaguni

飼養頭数
130頭
8

原産地：沖縄県（与那国島）
体高：110～120cm
毛色：鹿毛、栗毛　与那国町の天然記念物

沖縄県与那国島産の小型の在来馬。同島は日本最西端の離島なので宮古馬と同様、洋種馬との交配を推進する行政範囲からも除外されて絶滅を免《まぬが》れました。現在はその人懐こい性格を活かしてホースセラピーなどにも活用されています。

宮古馬（みやこうま）
Miyako

飼養頭数
35頭
7

原産地：沖縄県（宮古島）
体高：110～120cm
毛色：鹿毛、栗毛　沖縄県の天然記念物

沖縄県の宮古島は、琉球王朝時代の馬産地でした。特に14世紀には中国との貿易においてこの宮古馬は重要な輸出コンテンツだったのです。離島ゆえ交雑が進むこともなく、島内でもサトウキビ畑での農作業に活躍していました。

琉球弧のどうぶつたち in 沖縄こどもの国

琉球弧のどうぶつは、そのほとんどが固有種です。「アークおきまる」や爬虫類館では他ではおなかなかお目にかかれないどうぶつたちが皆さんをお待ちしています。

国指定
天然
記念物

キシノウエトカゲ
Kishinoue's Blue-Tailed Skink

日本を代表する生物学者、岸上鎌吉から名前の付いた日本最大のトカゲ。最大ではなんと40cmにもなる個体もいますが動きは敏捷です。まだまだ謎の多いどうぶつですが、同園で飼育研究が進んでゆくことを期待しましょう！

カンムリワシ
Crested Serpent Eagle

興奮すると後頭部の羽が広がり、冠のようになることからカンムリワシという名がつきました。沖縄県石垣市の鳥に指定され、地元出身のプロボクサー具《ぐ》志《し》堅《けん》用《よう》高《こう》さんが、その鋭いファイトで現役時代にとった異名がカンムリワシです。

国指定
特別天然
記念物

Crested

リュウキュウヤマガメ
Ryukyu Black-Breasted Leaf Turtle

最初に発見されてから100年間ほどは中国に生息するスペングラーヤマガメの一種と認識されていましたが、今や学名に“*japonica*”を背負った立派な固有種です。沖縄では「ヤンバルガーミー（山原のカメ）」などとも呼ばれます。

国指定
天然
記念物

南大東村
指定天然
記念物

ダイトウコノハズク
Daito Scops Owl

大東島では、かつていた固有の８亜種のうち半分が絶滅しました。生き残ったダイトウコノハズクたちの生息域を保護するために、同じく大東島の固有植物であるダイトウビロウを植樹し、森を復活させる取り組みが行われています。

国指定
天然
記念物

ダイトウオオコウモリ
Daito Flying Fox

首回りの黄金色が、日本でもっとも美しいと言われるコウモリ。南北両大東島のみに生息しますが、体が大きいので栄養豊富な果物や花の蜜などを一年中摂取できる環境でなければ生きてゆけません。そんな花の在り処を嗅ぎ取るために発達した鼻と暗闇でもよく見えるように発達した眼が、とってもキュート。

ハブ＆マングース
Habu & Small Indian Mongoose

琉球弧を代表する毒蛇、ハブ。テレビ『男はつらいよ』の主人公、寅さんもその毒牙にかかって残念な最終回を迎えました。このハブの駆除を期待してインドから導入されたのがマングースでしたが、よりエサとしやすいヤンバルクイナなど固有種ばかりを捕食するという皮肉な結果に。外来種持ち込みの顕著な失敗例とされています。

沖縄オリジンの動物園をめざして

沖縄への旅行者はもちろん地元の来園者にこそ、その特異性を知ってもらおうと同園では〝琉球弧のどうぶつ〟にこだわった飼育展示方針を明確にしています。二〇一五年には屋久島からヤクザルを導入したり、在来家畜たちが一堂に会する新展示もオープン。一九七九年から約十三年にわたり、日本の動物園として唯一イリオモテヤマネコを飼育展示した経験もあります。

イリオモテヤマネコ
Iriomote Wild Cat

国指定
特別天然
記念物

琉球弧在来の家畜たち in 沖縄こどもの国

在来家畜、とは昔からその地に馴染むように改良され、人間とともに暮らしてきたどうぶつのこと。琉球弧にはとりわけ個性的なタイプの在来家畜が残されているのでお見逃しなく。

沖縄県指定天然記念物

ヒージャー
Hihjah

ヒージャーとは、沖縄の方言で“ヒゲのあるもの”という意味。小柄で模様の入っているのが特徴。特に慶事には「ヤギ汁」や刺身などのヒージャー料理が親しまれています。

アグー
Aguh

絶滅したと思われていた黒い耳とお腹の垂れ下がった島豚アグーですが、供物用に飼育していた個体がわずかながら残されており保護されました。同園でも順調に繁殖しています。

琉球犬
Ryukyu

縄文時代から猟犬として活躍したと言われる縄文犬の一種。北海道と沖縄でのみその血統が維持されているが両者は遺伝子的にとても近いことが判明しています。

大東犬
Daito

かつて無人島だった大東諸島に、八丈島からの移民が100年ほど前に持ち込んだとされる地犬。短足ガニ股で可愛らしく歩く姿が印象的です。

♂

♀

口之島牛
Kuchinoshima

トカラ列島口之島に生息する日本在来牛で、トカラ牛とも。島内で放牧されていたものが野生化し、西洋種の影響を受けずに生き残りました。

沖縄県指定天然記念物

チャーン
Chahn

「ケッケー・ケッ」という独特の鳴き方が魅力的で珍重された鶏。三線の音にたとえた声音の鶏を作出され、琉球古典音楽の散山節や述懐節の節回しで謡《うた》うことが銘鶏の条件になります。

まだまだいます、琉球在来家畜

琉球弧の在来家畜は同園で飼育展示している以外にも現存しており、そのヴァラエティとキャラクターには目をみはるばかりです。

タウチー
Tauchih

沖縄大軍鶏ことタウチー。約1mにもなろうかという世界最大級の品種のひとつで、かつては闘鶏などに使われていました。

ロッカウィ・ワイルドライフパーク
Lok Kawi Wildlife Park

標高 4095m を誇るマレーシア最高峰のキナバル山。ここには幻の宝石をもつドラゴンが暮らしているという伝承がありますが、そんなキナバル山に肖って名付けられたコタキナバル。この街の郊外に、2007 年にオープンした動物園があります。ドラゴンはいませんが、あの幻のどうぶつには会えるかも。

ロッカウィ・ワイルドライフパーク

営業時間:9:30〜17:30
（日曜休）
所 在 地: Jalan Pintas Penampang, Penampang 89500, Malaysia

この動物園を運営するのは、サバ州の野生生物保護局。ですから同園は、怪我をしていたり、親を失ったりしたどうぶつたちの一時的な保護施設としても機能しています。また、地元住民に対する環境教育の場としても活用されており、野生生物の宝庫たるボルネオの価値を広く伝えようと尽力しています。園内は、ボルネオを代表するどうぶつたちが勢揃い。まずはテングザルにオランウータン、お次はマレーグマにビロードカワウソ、更にはバンテンにミュラーテナガザル。それだけでも相当なコレクションであることは間違いありませんが、何を差し置いても見逃すべきではないのがスマトラサイ。世界に約二百五十頭と言われる、まさに幻のようなサイです。体調次第で展示されないこともあるそうで、そんなときは〝世界最小のゾウ〟ボルネオゾウにさわって、乗って、餌をあげるチャンスもありますのでどうか懲《こ》りずに何度もトライしてみていただきたい動物園なのです。

池田市立五月山動物園

Animal info

ヒメウォンバット
Common Wombat
Vombatus ursinus

カンガルー目ウォンバット科。オーストラリア南東部およびタスマニア島の丘陵地に生息。傾斜地に穴を掘って営巣する。繁殖期以外は単独生活で、夜行性。1回に1頭の子をもうけ、おなかの育児嚢で育てる。非常に鋭い嗅覚をもつ。

「あ、この子〝フク〟ていう名前やねんて！　なんか、まるまるふくふくしてるからやわ」というカノジョに、カレシが「アホやな、そんなこと言うたらウォンバットは全員〝フク〟て名前になってまうやないか」。なんとも愉快な会話が園内のそこここから聞こえてきます。ここは「大阪みどりの百選」にもカウントされる自然豊かな五月山《さつきやま》の中にある小さな動物園。敷地面積や飼育種数の寡多では決してその園の良し悪しを語ることができないことは、『どうぶつのくに』読者ならもはや誰もがよくご存知のことでしょう。実は、五月山動物園はこの〝ずんぐりむっくり〟の珍獣・ウォンバットの繁殖に日本で初めて成功した動物園。そんなウォンバットはもはや動物園のみならずすっかり地元・池田市の代名詞になりました。誰が言い出したかはさておき「箕面《みのお》のサル、五月山のウォンバット」として大阪府民にこころから愛されているのです。

「〝ウォンバットって何の仲間なん？〟という質問がいちばん多いですね」とは担当飼育係の遠藤太貴《えんどうたいき》さん。たしかにパッと見は、子グマのようでもイノシシのようでもあり、そしてちょっとどうぶつに詳しいひとならコアラにも似ていると感じるかもしれません。そう、コアラと同じくウォンバットは「有袋類《ゆうたいるい》」に分類される、お腹にある袋で子育てをするどうぶつなのです。この不思議な生態をもつ有袋類、オーストラリア大陸と南北アメリカ大陸にのみ現存していますがかつては世界中の広い地域で生息していたであろうことは想像に難《かた》くありません。アメリカ大陸で現在七十種類以上もが確認されるオポッサムはもちろん、残念ながら絶滅してしまった肉食種タスマニアタイガー（フクロオオカミ）や、ウォンバットのご先祖様に当たる巨大種サイウォンバットなど、有袋類のヴァラエティの豊かさは折り紙付きなのです。

　さて、五月山のウォンバットたちに話を戻しましょう。冒頭の、カップルの会話の中で〝ふくふく〟していると評されていたオスの「フク」ですが、彼こそが五月山動物園の未来を担う期待の星。二〇〇七年に一緒に来日したお嫁さん「アヤハ」には二〇一〇年に先立たれたものの、フクは現在日本国内のウォンバットとしては最も若く、なにしろ元気一杯。「チッ！　チッ！」と舌打ちをするように警戒音を出して飼育係をも威嚇するワイルドさが故郷・タスマニアの血を感じさせますね。

　いま日本には全部で三園に六頭のウォンバットが飼育されていますが、タスマニア出身のウォンバットがいるのはここ五月山だけになってしまいました。タスマニアのウォンバットはオーストラリア本土出身の個体に比べると小型なのが特徴。同園ではあらゆる手を尽くしてこのフクにタスマニアからの後添えを迎える策を講じているところ。ハートの形をしたタスマニア島にあやかって、心願成就する日を信じて待ちましょう。

池田市立五月山動物園

営業時間：9:15〜16:45
火曜休（祝日なら翌平日休）。
アクセス：阪急池田駅より約15分
所 在 地：〒563-0051　大阪府池田市綾羽2-5-33

ウォンバットにまつわるエトセトラ

世界にたった３種類しか存在しないウォンバット。しかもそのうちの１種、キタケバナウォンバットはもはや絶滅寸前と言われています。ここではそんな稀少性や生態についてはもちろんのこと、あらゆる面で見事な珍獣っぷりを見せるウォンバットたちの魅力を余すところなく、そして五月山に肖《あやか》った大阪のリズムでご紹介しましょう。

１＞走ったら、速いで

特集記事内で“ずんぐりむっくり”などと、失礼な紹介をしましたがウォンバットは実はなかなかのマッチョタイプ。全身にたっぷりと筋肉をたくわえています。内股でよたよたノロノロと歩くその姿からは想像がつかないほど、走ると滅法速く、そのスピードは時速 40km と言いますから驚きです。

２＞穴、掘りまっせ

ウォンバットの手は平べったく頑丈で、指先にはとても鋭く長い爪がついています。穴を掘り、地中深くに「部屋」と呼べるような空間を作るなど地中生活はお手の物。１日に 1m ほど掘り進むことができると言われています。夜行性なので、日中は自分で掘った巣穴で寝ていることがほとんどです。

ヒメウォンバット
Common Wombat
Vombatus ursinus
クイーンズランド州南部からビクトリア州、及びタスマニア州に生息

一般にウォンバットと呼ばれるのがこのヒメウォンバット。日本の動物園で飼育されているウォンバットはすべてこの種に分類されます。野生下では平均5年ほどの寿命と言われており、ウォンバットの掘る深い巣穴が家畜を怪我させたりノウサギが畑を荒らす原因になっているとして害獣指定されている州もあります。4000頭ほどが現存していると目《もく》されています。

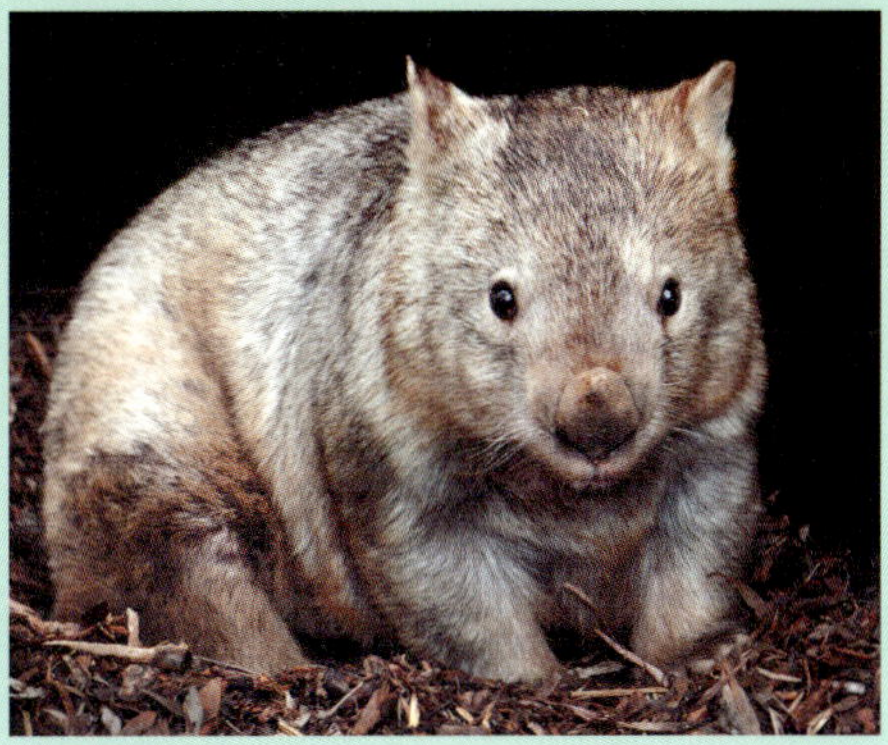

3＞ウォンバットは歯が命やねん

ウォンバットはとても鋭い歯をしており、この歯で樹皮や木の根っこなどをガリガリとかじって食べます。死ぬまで伸び続けると言われているため、むしろ普段から硬いものをよくかじって歯を削っていなければ、口内に歯が収まらなくなってしまうことも。

4＞育児嚢《いくじのう》、見せたろか

他の有袋類と同様に、ウォンバットは極めて未熟な状態で赤ちゃんを産み、それを育児嚢と呼ばれるお腹の袋に入れて育てるのです。そしてなんとウォンバットの育児嚢は後ろ向き。これは、穴掘りのときに大事な赤ちゃんの入っている育児嚢に土や砂などが入ることを防ぐためなのです。

5＞代謝《たいしゃ》は、めっちゃ遅いねん

「代謝が遅い」と聞くと、健康じゃないというように勘違いしがちですが、要はそれだけ無駄なエネルギーを使わないという意味です。摂取した栄養素をゆっくりのんびりと吸収しながら生きてゆきます。1回の食事が完全に消化されるまでには2週間以上もかかると言えば、そのロハスっぷりが伝わるでしょうか。

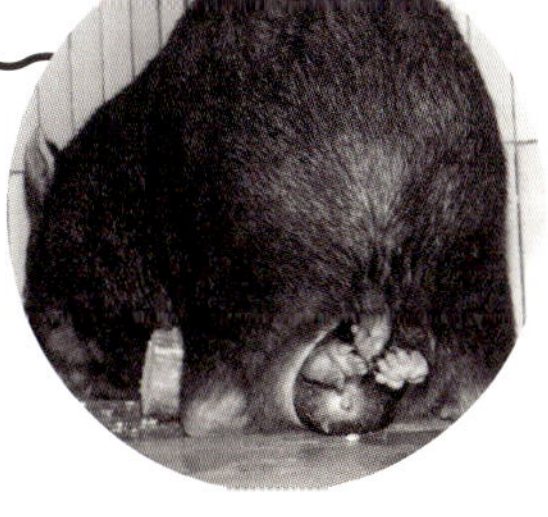

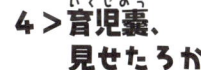

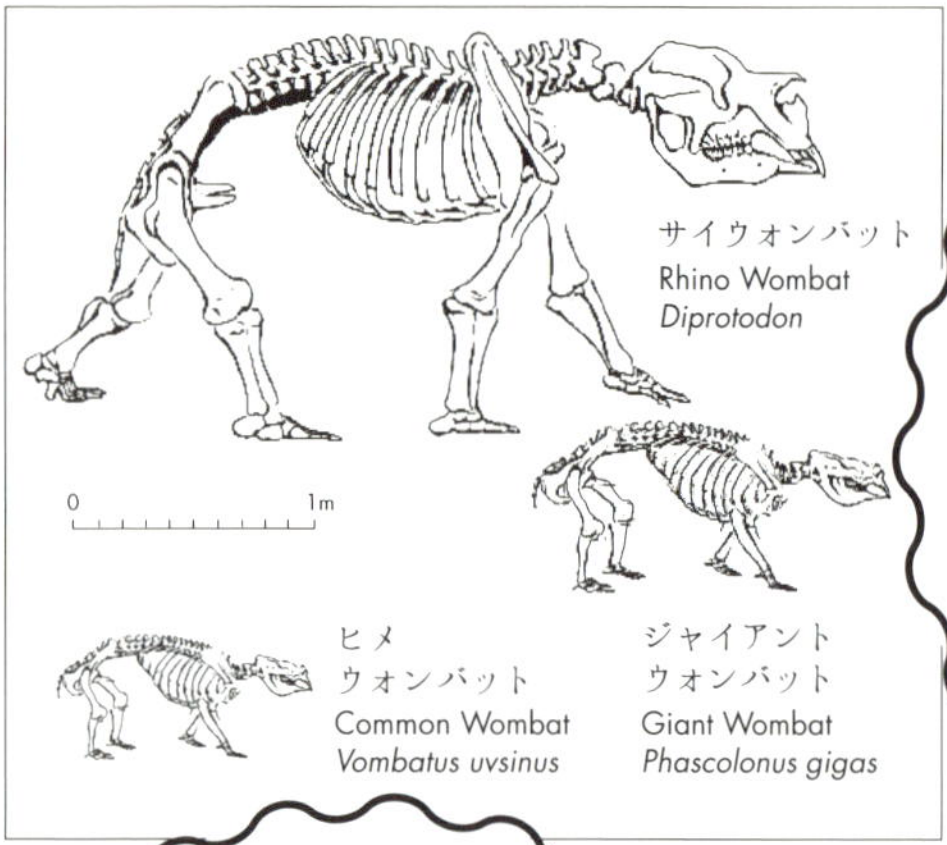

6 > ご先祖様は、でかかったんやで

氷河期まで生き残っていた「サイウォンバット」こと“ディプロトドン”は体長3m、体重3t、とまさにサイやカバほどの大きさでした。オーストラリア先住民アボリジニたちの重要なタンパク源になっていたと考えられています。直近の祖先「ジャイアントウォンバット」も200kg ほどの体格をしていました。

7 > こう見えて、けっこうタフやで

ウォンバットのタフさの秘訣は何と言っても頑丈なお尻。お尻のほとんどが軟骨でできていてとても硬いのです。たとえ外敵に襲われても巣穴に頭を突っ込んで、この頑強なお尻で入り口を塞《ふさ》いでしまえばもはや無敵。何人たりともウォンバットを引き出すことなどできません。

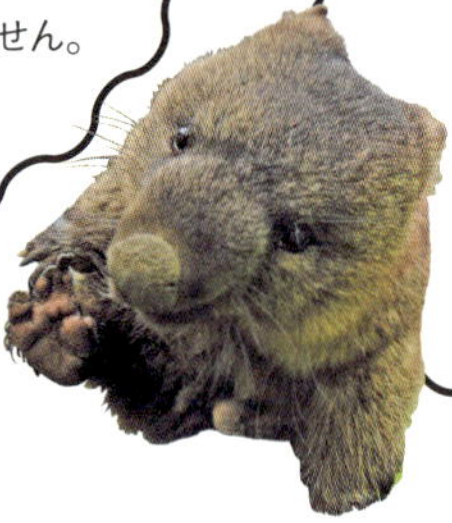

8 > いざとなったら、やったるで

野生下でも、普段は温厚で比較的おだやかな個体の多いウォンバット。しかし自分の巣穴・縄張りを守るためには、ときに攻撃的にもなります。長い爪に鋭い歯、そして全身筋肉の塊《かたまり》が猛スピードで突進してくると想像してみると、いやはやぞっとしませんね。人間がケガをした例もありますので、ご注意を。

キタケバナウォンバット
Northern Hairy-nosed Wombat
Lasiorhinus krefftii
クイーンズランド州中央部のエピング森林国立公園にのみ生息

たった200頭しか生息していない絶滅寸前の種。かのジャイアントパンダよりも希少なのですが、それと同時に野生下での域内保全プロジェクト（re-wildling）が功を奏しているどうぶつでもあるのです。実は1980年代には30頭ほどにまで数を減らしていたキタケバナウォンバットを（かつて生息していたと考えられる）より生活に適した環境へとお引っ越しさせたことにより、個体数が回復しました。

ミナミケバナウォンバット
Southern Hairy-nosed Wombat
Lasiorhinus latifrons
南オーストラリア州から西オーストラリア州にかけての沿岸地域に生息

一見した体つきはヒメウォンバットに似ていますが、名前の通り鼻の先まで毛が生えている「毛鼻」が何よりの特徴です。ちょっとブルドッグのような、ブタのような外見が実にチャーミング。他種のウォンバットたちに比べると比較的乾燥した地域に生息していて、昼間は地中の穴で休んだり、尿の量を少なくしたりして、体内の水分量をキープする工夫をしています。

9 >最高齢は30超え、ほんまかいな

オーストラリアにあるバララット野生動物公園にいる「パトリック」くんは、30歳に達するご長寿ウォンバット。世界一なのはその年齢だけではなく、からだつきもタスマニアにおいては他の追随を許しません。体重は実に30kgを超えるそうで、その大物っぷりがうかがえますね。

有袋類って？

人間を含む現生哺乳《ほにゅう》類の主流である、胎盤を持ち子宮内で子育てをするどうぶつのことを総称して「有胎盤類」と呼びます。それに対して、胎盤を持たず、未熟な状態で生まれた子供を育児嚢と呼ばれる腹部にある袋で育てるどうぶつが「有袋類」です。有袋類は有胎盤類よりも先に地球上に出現しており、その後あらわれた有胎盤類に地位を奪われたのですが、オーストラリア大陸と南米大陸だけはユーラシア大陸由来の有胎盤類に脅《おびや》かされることなく有袋類独自の世界で進化を遂げてきました。そう、一般に有袋類はオーストラリアとその周辺の島々にしかいないと思っておられる読者もいるかもしれませんが、実は南米から北米にかけても広く生息しているのです。これが「オポッサム」と呼ばれるどうぶつで、七十種類以上にもおよびなんと有袋類最大種を誇る科でもあります。有袋類の化石は世界中から見つかることを鑑みても、かつて世界中の広い地域に生息していたことは明白で、サイウォンバットのような巨大な有袋類や、フクロオオカミのような肉食の有袋類も存在していましたが、いずれも各種の有胎盤類との生存競争に敗れて絶滅したと考えられています。

五月山のウォンバットと、秘境タスマニア

押しも押されもせぬ五月山のアイドルとなったウォンバット。「ウォンバット」とはオーストラリアの先住民、アボリジニの言葉で〝平たい鼻〟という意味。現在は三頭の平たい鼻たちがそれぞれマイペースに暮らしています。この三頭の故郷、タスマニアはオーストラリアの南東部洋上に浮かぶ島々からなるひとつの州。そのうち一番大きなタスマニア島はそのハートのような形状がリンゴにも似ているところから「Apple《アップル》 Island《アイランド》」と呼ばれています。北海道より少し小さいくらいの大きさですが、皆さんもよくご存知のタスマニアデビルをはじめ多くの固有どうぶつが暮らしている秘境なのです。しかし、昨今ウォンバットは農地を荒らす害獣として駆除されたり、交通事故に遭ったり、キツネやディンゴに捕食されたり……と、その生息数は減少の一途をたどっており、もはやタスマニア島での生息数は四千頭にも満たないと言われています。五月山の「ワイン」も実はお母さんが車にはねられたときに、まだお腹の袋の中にいたところを孤児として救助された個体です。ウォンバットのみならず、タスマニアという秘境そのものの保全を願ってやみません。五月山のウォンバットたちはタスマニアから、そんなことを私たちに伝えに来てくれた、いわば外交官でもあるのです。

タスマニア州基本情報
州都：ホバート
最高標高：オッサ山（1617m）
面積：約９万㎢ /
760万㎢（オーストラリア全土）
人口：約50万人 /
2000 万人（オーストラリア全人口）

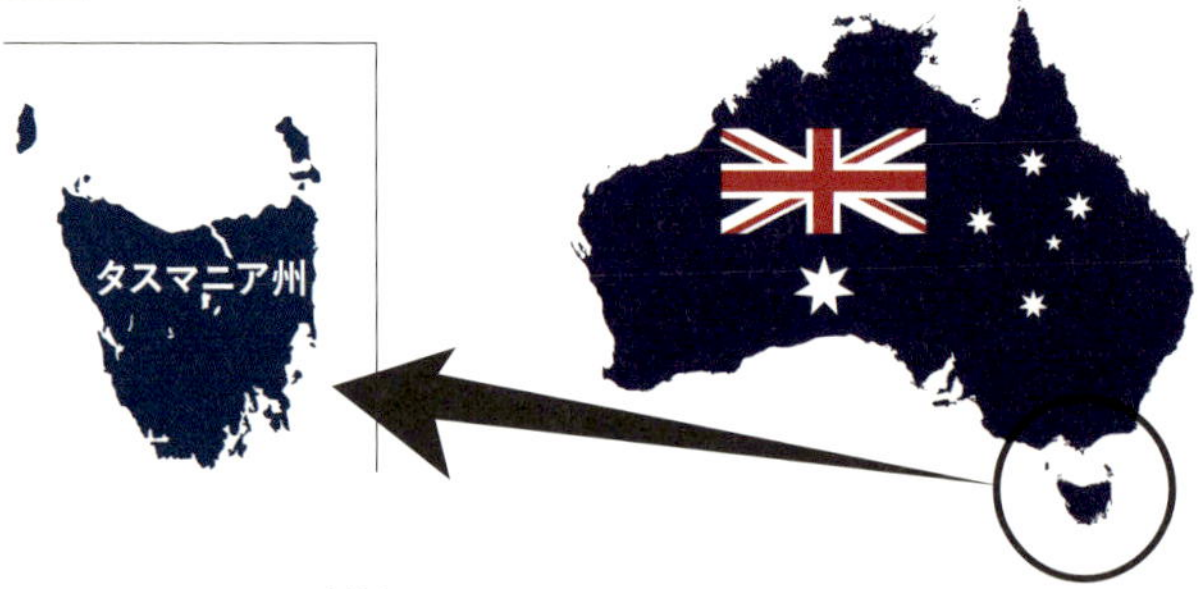

ワンダー

♀

1989年生まれ

淑女は、そう簡単に人前に姿を見せるものではないようです。実に警戒心が強く、小誌も彼女の姿を撮るのに何度も五月山に通いました。年を重ねるごとに美しくなる、美魔女ウォンバット。

ワイン

♂

1989年生まれ

来日した当初は、ややマゼンタっぽく光沢のある毛並みがワイン色のようだというところからその名がつきました。おだやかで、おっとりとした性格です。穴掘りが下手なところがギャップ萌え。

フク

♂

2004年生まれ

ワイルドで男らしいウォンバット。自分の縄張りを大切にしていて、飼育係すら自分のエリアに入ることを許しません。でも、台の上に置かれた餌を食べる姿がとってもキュートで大人気。

日本初のウォンバット繁殖

五月山動物園で悠々自適に暮らす「ワイン」と「ワンダー」の夫婦。一般的に二十歳くらいと言われているウォンバットの平均寿命から考えてもなかなかのご長寿カップルです。実はこのペアこそが日本で初めて繁殖に成功したペアなのです。一九九二年からなんと二年連続で、「さつき」と「さくら」という娘たちをもうけ、その愛らしい姿に日本中が夢中になったものでした。残念ながら娘たちには先立たれてしまいましたが、ワインとワンダーはまだまだ同園の生え抜きスターとして健在です。ただし夜行性ゆえか老齢ゆえか、はたまた単なる気まぐれか、常にその姿を見られるということはありませんのでご注意を。特に、ワンダーに会いたい読者は開園直後を、ワインに会いたい読者は閉園間際を狙うとその確率はアップするかもしれません。ちなみに、さつきとさくらは、剝製《はくせい》の形となって今も同園のビジターセンター「Apple ♥《あい》 Land」内に展示されています。

「さくら」と「ワンダー」 1994/1/28

「さつき」と「ワンダー」 1992/9/9

デュースブルク動物園
Zoo Duisburg

ドイツの誇るライン川とルール川がちょうど合流する位置にある、国内最大の河港街。古代ローマ帝国時代からこの地の重要性は高く評価されていて、交易の拠点としてかつてはドイツで最も豊かな街のひとつでした。そんなデュースブルクの動物園は 1934 年にオープンした、近隣市民の憩いの場です。

デュースブルク動物園

営業時間：9:00〜16:00
（夏期は〜18:30。年中無休）
所 在 地：Mülheimer Strasse 273
47058 Duisburg

同園はロゴにも使われている通りイルカで有名な動物園。古くから、ヨーロッパでは珍しくイルカのトレーニングをショーとして見せていて、現在でもそれをお目当てにデュッセルドルフやゲルゼンキルヒェンなど近郊の街からやって来る来園者で賑《にぎ》わっています。しかし『どうぶつのくに』読者がまず表敬訪問すべきは、イルカはイルカでも世界で唯一ここでだけ飼育されているアマゾンカワイルカ。水槽前で彼の興味を惹くのは女性冥利《みょうり》に尽きるところですが、故郷アマゾンでは夜中に人間の男性の姿に変身して女性を妊娠させるという伝承もありますので、気をつけていただければ幸いです。

これ以外にも同じくアマゾンからオオカワウソ、あるいはコアラやウォンバットにフォッサなど、世界的に希少とされている多くのどうぶつたちの飼育繁殖に成功している同園。二〇一五年に新たに仲間入りしたばかりの、タスマニア由来のウォンバットが可愛らしい子どもを見せてくれる日も近いかも知れません。

鶴岡市立加茂水族館

Animal info

ミズクラゲ
Moon Jelly
Aurelia aurita

日本近海で最も多く見られるクラゲ。本種に刺されても痒くなる程度だが、何度も刺されると過敏になるので注意が必要。優雅にふわふわと水に漂う姿は、なんとも美しい。同館では、1日に最大で1000匹ほど繁殖させている。

「俺はやったぜ！」と、誇らし気にミズクラゲ巨大水槽の前で笑顔を見せた村上龍男《むらかみたつお》さん。五十年間という、世界で最も長期にわたって水族館の館長を務めるという偉大な記録を打ち立てた名物館長でした。その独特で破天荒な経営・運営方針が、ルールにこだわる行政側との軋轢《あつれき》を生むような局面も多々ありましたが、最後まで見事に加《か》茂《も》水族館を守り抜き〝世界一のクラゲ水族館〟と呼ばれるまでに育て上げたのです。その手腕と度胸はまさに、サムライそのものでした。

今から約二十年前まったくの未経験無知識の状態で、他ならぬ村上館長がスタートさせたクラゲの通年展示。このあまりにもデリケートで不思議などうぶつとともに数々の艱難辛苦《かんなんしんく》を乗り越えた、山形県の庄内海岸の畔《ほとり》に建つこのちいさな水族館のことを今では知らないひとのほうが少なくなりました。しかし一時は来館者数が伸びず、倒産の危機に直面したこともあったのです。そんなときにも村上館長がたったひとり諦《あきら》めず、身を挺《てい》し人生を賭《と》してまでこの水族館の存続にこだわりました。そしてその熱意とフラッグシップのもとにスタッフが一丸となり、クラゲに集中特化して飼育繁殖に取り組んだことが見事に功を奏し、徐々にその人気を回復してゆきました。そして国内外の多くのファンや関係者の協力も得ながら、その実力をより確かで揺るぎないものとしてきたのです。

惜《お》しまれながら、思い出の詰まった旧館を二〇一三年の十一月に閉じ同館の歴史五十年目を迎えた二〇一四年、全面リニューアルを果たしました。この新水族館の目玉展示は何と言っても直径五ｍの巨大クラゲ水槽。四十ｔの水槽に二千匹ものミズクラゲたちが思い思いに漂っています。この水槽の迫力たるや、もはや〝圧巻〟のひと言。「クラゲドリーム館」の名に恥じない魔法の空間です。来館者の誰もがこの水槽の前にたどり着いたとき、そこに流れる幻想的な空気とクラゲたちが醸《かも》すふしぎな浮遊感に夢中になり、自然と足を止め大きな水槽を見上げて至福のため息を漏らすのです。

この水槽を実現するにあたっては、水槽を彩るミズクラゲの大量かつ安定した繁殖供給はもちろん、特殊な形状の水槽での水質管理など極《きわ》めて困難なハードルもたくさんありました。しかし無事に公開を迎え、二〇一五年に同館がホストを務めて開催した第一回「国際クラゲ会議」では、世界各国から一流のクラゲスペシャリストたちが一堂に会し、この水槽と新水族館に惜しみのない拍手を送りました。名実ともにクラゲで世界一となった瞬間そのものでした。

「あれはクラゲではなく、きっとクラゲに姿を変えて私を助けに来てくれた神様だったんだよ」と村上さんは万感の思いを込めて語ります。クラゲ展示の未来を切り拓いた〝神なる水槽〟に宿るサムライ・スピリットが皆さんをお待ちしています。

鶴岡市立加茂水族館

営業時間：9:00～17:00（夏休みは～18:00）
入館は閉館30分前まで。年中無休。
アクセス：山形自動車道鶴岡ICより約15分
所 在 地：〒997-1206　鶴岡市今泉字大久保657-1

世界一の
クラゲコレクション

加茂水族館には旧館時代、世界で最も多くの種類のクラゲとそのなかまを展示した「クラネタリウム」が一世を風靡《ふうび》しました。クラゲを食べるクラゲ、不老不死のクラゲ、下村脩《しもむらおさむ》博士がノーベル賞を受賞したことで話題となった光るクラゲなどなど、その圧倒的な多様性と、摩訶不思議な生態に世界中が熱視線を送ってきました。新館にはそんなクラゲ展示がバージョンアップ！なんと常時 50 種以上のクラゲたちが展示されています。新しくなったクラゲ Labo やクラゲのショーも、見逃せません。

サムクラゲ
Phacellophora ambigua

傘の真ん中が黄色く、周りは白いことから“目玉焼きクラゲ”の異名も。ミズクラゲなどを捕食しどんどん大きく育つ種。1m近くの大きさにもなります。

ゴールデンマスティギアス
Mastigias papua etpisoni

パラオには海水湖が多くあり、そこで独自に進化したクラゲが楽園を作っていますが中でも人気のあるのがこの種。加茂では累代繁殖に成功しています。

カミクラゲ
Spirocodon saltator

髪の毛のように細い触手がその名の由来。青森から九州にかけての太平洋岸に生息する日本固有種ですが、繁殖成功例もまだなく生態もまだ謎が多い種です。

アミガサクラゲ
Beroe forskali

波打たせながら泳ぐ体の前後に走る8つの櫛板列《くしいたれつ》が、光を反射して虹色に輝きます。櫛板の幅が他種に比べて広いので光の反射が大きく、より美しいのです。

ベニクラゲ
Turritopsis nutricula

「成体からポリプに退行が可能」という特殊な生活環で、不老不死のクラゲとして名を馳せました。世界中の温帯から熱帯にかけての海域に分布しています。

ハナアカリクラゲ
Pandea conica

大きさはさほどでもないものの、ほの明かりの桜のように闇の中でその存在が際立つ美しいクラゲです。加茂では累代繁殖した個体が展示されています。

ニチリンヤナギクラゲ
Chrysaora melanaster

アカクラゲに似た外見ながら、名前の通り傘の「日輪」模様から2010年に別種と認定されました。北極海やベーリング海、北太平洋などに分布しています。

カザリクラゲ
Leuckartiara hoepplii

傘の部分が球体で“てるてる坊主”を想起させるユニークな形状をしたかわいらしいクラゲです。クラゲを捕食し、シロクラゲなどを好んで食べます。

ビゼンクラゲ
Rhopilema esculenta

古来日本の岡山県（備前国）が名産であったことが名前の由来となった食用クラゲ。現在は九州の有明地方で採れるものが高級食材として流通しています。

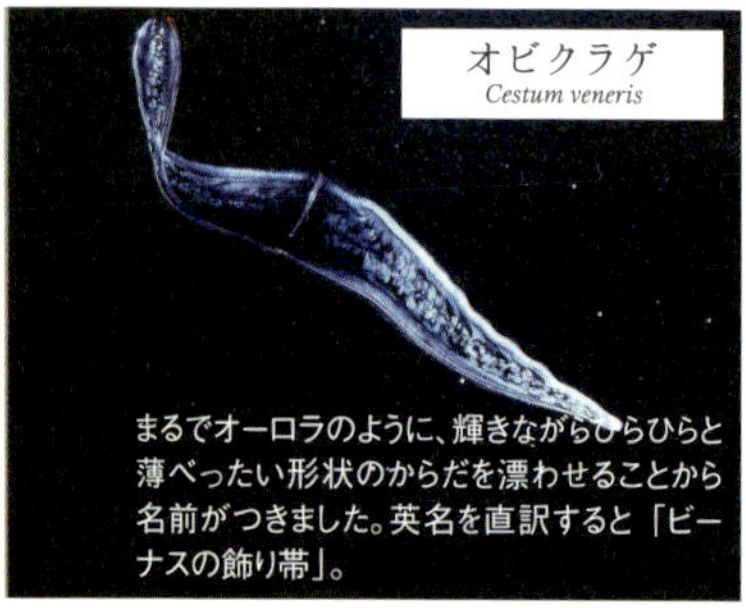

オビクラゲ
Cestum veneris

まるでオーロラのように、輝きながらひらひらと薄べったい形状のからだを漂わせることから名前がつきました。英名を直訳すると「ビーナスの飾り帯」。

サカサクラゲ
Cassiopea ornata

1997年、加茂水族館が最初に繁殖に成功した種。この成功がクラゲ水族館としての一歩を踏み出すきっかけとなったのです。まさに逆転劇のプロローグです。

フウセンクラゲ
Hormiphora palmata

長い２本の触手をもち、延縄《はえなわ》のように枝糸《えだいと》を出して効率よく小型の甲殻類等を捕食します。春から秋にかけて庄内浜に出現しますが長期飼育は難しい種です。

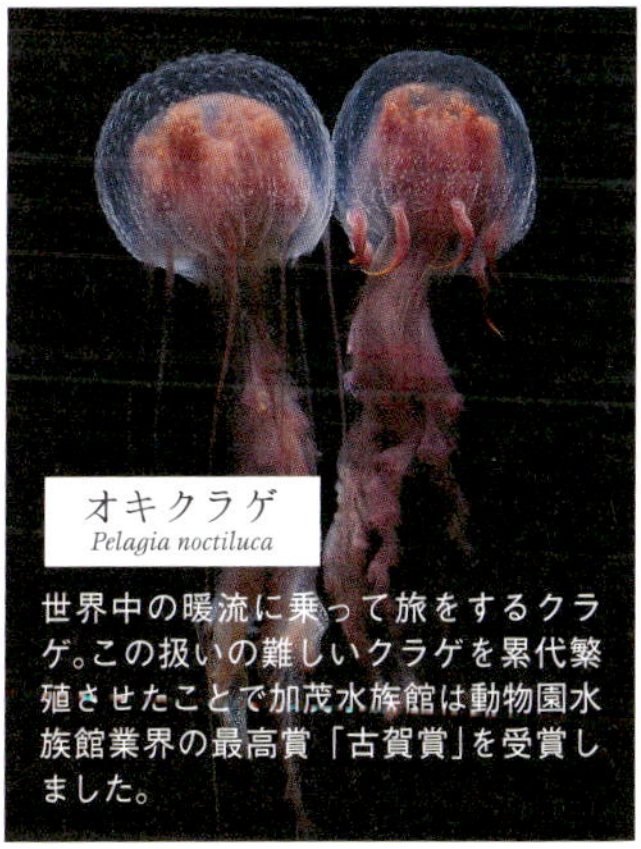

オキクラゲ
Pelagia noctiluca

世界中の暖流に乗って旅をするクラゲ。この扱いの難しいクラゲを累代繁殖させたことで加茂水族館は動物園水族館業界の最高賞「古賀賞」を受賞しました。

ケムシクラゲ
Apolemia uvaria

まるで絡まった毛糸のようにも見えますが、これが長く大きな１匹というわけではなく沢山のクラゲの集合体。飼育下では毛糸玉のようになりやすいのです。

ハナガサクラゲ
Olindias formosus

見た目の派手さと美しさという意味では群を抜く、加茂水族館の象徴のような種。「山形花笠祭り」が名前の由来。生息地によってその色彩が違っています。

ただいま、隠居中

村上龍男さんは50年もの期間、世界で最も長く水族館長を務め上げたレジェンド。倒産の危機から加茂水族館を救い、クラゲ水族館として世界一となるまでその名を高めた数々の斬新なアイデアと抜群の決断力・行動力、そして潔《いさぎよ》い引退はまさに『どうぶつのくに』が誇るミスター・サムライ。文化財でもある庄内竿を操る釣り名人でありながら、クラゲ専門の写真家としてもご活躍される村上さんが水族館という表舞台に復活する日を期待せずにはいられません。

村上龍男（むらかみ・たつお）

鶴岡市立加茂水族館　前館長
昭和14年11月26日、東京都原宿生まれ。2歳より父の実家のある鶴岡市に戻る。山形大学農学部を卒業し、東京の佐藤商事に入社。昭和41年から加茂水族館に勤務し、昭和42年より50年間館長を務めた。著書に『群れ泳ぐクラゲ』『美人なクラゲ60種』『山形の魚類たち』など多数。趣味はクラゲの写真撮影と釣り。

早いもので引退して約一年が過ぎたが長年のうちに慣れた軌道を修正するということはそう簡単ではない。自分自身もそうだが周りでもなかなか引退したことを実感として受け入れてくれなかった。いまだに多くの人が「館長、館長」と連絡をしてくるし、今日は大使館からも連絡があったようだ。「オランダの水族館が村上館長と連絡を取りたがっている。新しいクラゲの展示を作る為のアドバイスを希望している」そんな内容だった。

こうして外国からの連絡があること自体、自分には不似合いで想像だにしないことだった。これは、やはり二〇一五年の三月にここ加茂で催行した「国際クラゲ会議」がモノを言っている。あの会議には国内外の水族館からクラゲの展示の担当者が参加し、新加茂水族館を非常に高く評価してくれた。あの会議は加茂水族館にとって本当に大きな収穫があったし、その価値と意義は時間が経てば経つほど、実感できるようになるだろう。加茂はクラゲでやっと立ち直ったと言っても、とても外国と交流できるまでの力は無かったのだが、あの会議のお陰で距離が縮まり人の交流が増えたし、クラゲのやり取りもより積極的にできるようになった。

たまに水族館に出かけてゆくと見たことのないクラゲが展示されていることがある。「これはどうしたのか？」と尋ねると、アメリカやヨーロッパの水族館から送られてきたものだったりする。こういった姿を見るのは嬉しいものだ。日々クラゲ展示の幅が広がり進化してゆく世情と環境の中で職員たちが皆、目の色を輝かせて働いている。この調子で頑張ってくれれば難しいクラゲの展示も心配ないと信じたい。

最近は、国内のあちこちで講演などということもやらせていただくようになった。倒産を覚悟した暗闇から生還する際に私が取った馬鹿馬鹿しいアイデアは、現実にあった話というよりも何か小説か夢物語でも聞かされているような感覚になるらしい。クラゲと真剣に向き合った成果のすべてが大ヒットし経営を助けた。クラゲ饅頭《まんじゅう》も、クラゲ羊羹《ようかん》も、クラゲラーメンなどもすべて本当に商品化したのだが、どなたもチラリとも思い浮かばない奇抜さだから実感が伴わないのかも知れない。

なぜか私にはこんな離れ業《わざ》を平気でやってのける〝度胸だけ〟はあった。見方によってはそれがクラゲ水族館を実現させる大きな力になったと言えなくもない。

そういえば新加茂水族館の目玉になっている直径五mのミズクラゲ大水槽もそうだった。市長に図面とともに提案したまではよかったのだが、スタッフたちといくら話し合って考えてもこの巨大水槽をどのように管理清掃するか、実は何の目途《めど》も立っていないまま先に水槽は完成してしまった、という裏話がある。

「潜水の得意なスタッフを採用し、潜らせてはどうか？」と新規採用もしてみたものの、水槽に潜水すればやはりデリケートなクラゲが壊れてしまう。「では気泡の出ない軍用として開発された潜水具がある」とも考えたが、いざとなると資格が必要だとか、器具が高価だとか、うまい解決策は簡単に見つからなかった。

こんな悩みをもし市の関係者が知ったらいったいどんな反応を示しただろう。きっと「市の予算を使って、そんなリスクを冒《おか》すなどとんでもない！」と仕様変更を余儀なくされただろうと思うが、クラゲについては我々現場の人間以外には誰も然《しか》るべき知識がなかったことが幸いしたようだ。

とにかく〝クラゲ水族館〟たる新加茂水族館の目玉には、巨大なクラゲ水槽が必要だったし、何より作りたいという気持ちが強かった。日本には多くの水族館があり、新しいところではみな千tクラスの水槽をメインにしているが、鶴岡市ではそんなにまで大きな水槽を作る予算はなかった。しかしたとえ四十tの水槽でも、そこに誰も見たことがないほどたくさんのクラゲが舞い泳いでいれば、きっと他の水族館の巨大水槽にも勝てるという自信があった。結局大切なのはお客様のこころをどう動かすかということであり、単に大きさの問題ではないのだ。

引退した今思えば「クラゲ饅頭」も「クラゲ大水槽」も同じ感覚で立ち向かっていた気がする。とにかく自分やスタッフのアイデアや思いを、いかに他者から見て滑稽なものだとしてもまずはやってみよう、と試行錯誤することこそが私の水族館長としての本質的なスタンスだった。

くだんの大水槽の管理については、その後ドイツ製の棒高跳び用として開発された細くて軽くしかも丈夫な棒を手に入れた。水槽の前にテレビカメラを置いて、それを見ながら五m上から壁やガラスをこすって、底に溜まった汚れを吸い取っている。艱難辛苦もありながら、こうした情熱による勝利に「ドンキホーテ万歳！」と快哉《かいさい》を叫んだのは一度や二度ではなかった。

さて、こうしてクラゲ水族館を振り返るときに忘れてならないのはモントレー水族館の存在だ。あの水族館がなかったら、新加茂水族館が現在の規模とクオリティを実現できたとは断言できない。

忘れもしない二〇〇二年の十二月、私はスタッフをアメリカの水族館視察に行かせた。彼が旅の最後にモントレー水族館を訪れたとき、想像を超えたクラゲの展示に魅了された。そしてあまりの素晴らしさに、打ちのめされたようだった。しかし翻《ひるがえ》ってそれが加茂水族館の力になった。いつの日にか、モントレー水族館を追い越してみたい。モントレーの水族館長に「よくぞそこまで頑張ったな」と言われてみたい。今に見ていろ、と自分自身を奮い立たせ、スタッフたちを叱咤激励した。

　クラゲに関してだけでも、あの〝巨人〟に脱帽せしめたかった。そしてそれがはかなくも実現したのは、引退直前二〇一四年の十一月。モントレー水族館の館長ジュリー・パッカードさんが加茂水族館を直々《じきじき》に訪れ高い評価をしてくれた。パッカードさんが「素晴らしいものを見せていただきました、どうもありがとう。感動しましたよ」と、そう言ってくれたのだ。あの時の嬉しさは筆舌に表しがたい。もう五十年近くも前に水族館のクラゲ展示に道を拓《ひら》いてくれ、そして更にそんな機会を作ってくれたアクアマリンふくしまの安部館長にはここで改めてお礼を言いたい。

　また、遠いドイツからわざわざ私を何度も訪ねてくれたベルリン動物園水族館の前館長ユルゲン・ランゲさんは実にこころ温かい人だ。『どうぶつのくに』編集長の田井さんとともに、いつも変わらぬ応援をしてくれた。ふたりとも、私にとってはビジネスという枠を超えてクラゲが取り持ってくれた真の友人と言えるだろう。国際クラゲ会議もこのお二人なしでは成し得なかったことを、決して忘れてはならない。

　こうして仕事から離れてあれこれ思い出すと、クラゲ水族館誕生の陰に多くの人の温かい支援があったことがよく分かる。私は良い人たちに恵まれた幸せ者だと思う、そんな思い出を心に秘めて残りの人生を楽しめそうだ。

広島市 安佐動物公園

Animal info

オオサンショウウオ
Japanese Giant Salamander
Andrias japonicus

種小名“*japonicus*”を背負う、日本に生息する世界最大級の両生類。別名ハンザキ。主に河川の上中流域に生息。夜行性で、昼間は巣穴などに隠れている。食性は動物食で、最大全長は150cm。1952年に国の特別天然記念物に指定。

〝世界最大のどうぶつ〟と言えば、アフリカゾウやキリン、シロナガスクジラなどのスターたちの顔はすぐに思い浮かぶでしょう。しかし一般的な両生類、カエルや小型のサンショウウオたちのほとんどが数センチ程度であることを考えれば、他でもない日本固有種オオサンショウウオの大きさは約七千種を数える両生類の中でダントツ。中国に生息するチュウゴクオオサンショウウオとともに〝世界最大のどうぶつ〟の一角を担っていることを忘れてはなりません。

　さて、このオオサンショウウオを語るにあたってまずは話を江戸時代にまで戻す必要があります。このどうぶつの存在を世界に知らしめた人物はドイツ人医師フィリップ・フランツ・フォン・シーボルトその人。そう歴史の教科書に登場した、あのシーボルトです。彼はオランダ商館付きの医師として来日しましたが、日本における多くの学術的なコレクションを残した博物学者としても有名。一八二六年に三重県の伊賀で見つけたオオサンショウウオも、そのひとつでした。当時ヨーロッパでは「ノアの洪水で死んだ人間」とされていた化石がフランスの動物学者キュビエによって、実は既に絶滅した三千万年前の巨大な両生類の化石であることが解明されたばかり。そんな中でシーボルトの大興奮がどれほどのものだったかは想像に難《かた》くありません。なぜなら、くだんの化石と自分の見つけたオオサンショウウオの骨格がほぼ同じだったのですから！　そしてこれこそがオオサンショウウオが〝生きた化石〟と呼ばれる所以《ゆえん》でもあります。ちなみにシーボルトが連れ帰った個体は、約五十年もの間オランダはアムステルダムの動物園で生き永らえ、実はこれが世界最長記録。また、世界で初めて繁殖に成功したのもオランダです（一九〇三年）。

　広島市安佐《あさ》動物公園は、一九七九年に日本で初めてそして国内で唯一オオサンショウウオの繁殖に成功している動物園。ここには、他でもない若きオオサンショウウオの専門家がいます。「これほど謎が詰まったどうぶつはいませんよ！」と目を輝かせて語ってくれる飼育係の田口勇輝《たぐちゆうき》さん。これまでの同園の実績に敬意を払いながらも、新たなことにチャレンジする姿勢はまさにキュビエやシーボルトにすらシンクロします。それまでは観察による経験と勘を頼りにしていたところへ、エコーを使っての雌雄判別や、水温コントロールで産卵を促すなど、着々と飼育技術の確立を目指しています。国内はもちろん海外の動物園や研究施設とも連携し、オオサンショウウオの不思議をひとつひとつ解明しようと日夜努力しているのです。作家井伏鱒二《いぶせますじ》は自身の代表作『山椒魚』を死ぬまで改訂し続け、悩み続けたと言います。案外、作家も科学者に近いところがあるのかも知れませんね。

　絶滅が危惧されるこの日本の特別天然記念物の復活は、動物園が担《にな》っていると言っても過言ではありません。ぜひ応援しながら、見守りましょう！

広島市安佐動物公園

営業時間：9:00〜16:30
入園は閉園30分前まで。木曜休（祝日開園）。年末年始休。
アクセス：広島北ICから約20分
所在地：〒731-3355　広島県広島市安佐北区安佐町大字動物園

“生きた化石”
オオサンショウウオ

約600万年かけてサルの祖先から進化したヒトに対して、オオサンショウウオは3000万年以上もその形態をほとんど変えずに生き残ってきたどうぶつ。これを“生きた化石”と呼ばずして何と呼びしましょうか。1日あたり体重の1/1000量の餌さえあれば体重を維持できるエコシステムな生態はまだまだ謎だらけ。繁殖のメカニズムはおろか、寿命すら明らかになっていないのです。これほどミステリアスな日本固有種に、夢中にならずにはいられません。

園内の動物科学館で展示されている日本最大のオオサンショウウオ標本。

現在、この施設で飼育している最大のオオサンショウウオ。全長120cm。

非公開の施設。ここでは現在、数百匹のオオサンショウウオが暮らしています。

オオサンショウウオの秘密基地

安佐動物公園には非公開のオオサンショウウオ保全繁殖施設があり、ここで田口さんは日々試行錯誤を繰り返しているのです。また、同園では長い飼育繁殖の歴史を園内の動物科学館でもご紹介しています。これぞといった大発見をした読者は、是非『どうぶつのくに』までご一報ください。

オオサンショウウオと、シーボルト

シーボルトが連れ帰った個体は、今でもオランダのライデン国立自然史博物館にホルマリン漬《づけ》になった標本がきちんと保管されています。ノアの箱舟に乗れずに溺死した人間の子どもの化石と思われていたものが実は両生類の化石であったことを、大陸の反対側の小さな島国で、キュビエとは別の角度から実証することになったシーボルト。のちに刊行する『FAUNA JAPONICA（日本動物誌）』の中でももちろん、オオサンショウウオについて美しい図版とともに紹介しています。

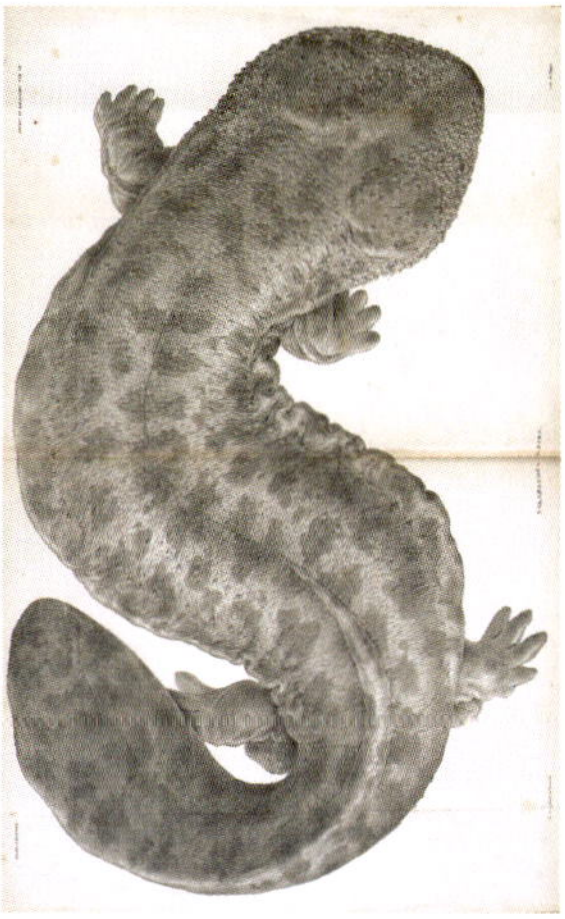
『FAUNA JAPONICA』のオオサンショウウオ

ライデン博物館の標本

世界に三種、いや四種…?!

オオサンショウウオ科のどうぶつは、世界に三種。オオサンショウウオ、チュウゴクオオサンショウウオ、アメリカオオサンショウウオ。しかし実はもうひとつ、日本のそこかしこで問題になっているのが日本のオオサンショウウオとチュウゴクオオサンショウウオのハイブリッド種。京都の鴨川では純血のオオサンショウウオはもはや一割程度という調査結果も出ています。もとは食用にと持ち込まれた中国種が逃げ出し、野生で交雑してその高い生命力で日本の固有種が駆逐されようとしているのは現在のオオサンショウウオ界における最大の難題なのです。

アメリカオオサンショウウオ

チュウゴクオオサンショウウオ

ハイブリッド（日本＋中国）

オオサンショウウオのからだって?

特徴的な体の模様や色は生息地域ごと、遺伝的に違っています。〝ハンザキ〟という別名は、体を半分に裂いても死なない生命力に由来するという説が有力。ちなみに「警戒時に分泌する粘液の香りが山椒のようである」という通説が科学的に覆されたことが二〇一六年に実施した同園のシンポジウムで話題となりました。

指の数は前肢が4本、後肢が5本。再生能力があることもわかっています。

体の後方にある総排出口。オスは繁殖期の前後にこの周りがドーナツ状に膨らみます。

肺呼吸と同時に皮膚呼吸も行っていますが、1時間に1回程度、水面から鼻先をだして呼吸します。

餌を飲み込むスピードはわずか0.05秒の早業。待ち伏せた獲物を水ごと飲み込みます。

一度に約300～1000個の卵を産みます。

アフリカが誇る
屈強の二角獣、クロサイ

アフリカには2種のサイがいますが、木の枝や果実を摘《つ》み取るクロサイの尖《とが》った口に対して、シロサイの口は地生の草をむしりとるので幅広。その“wide（幅広い）”を“white（白い）”と間違えたところが名前の由来。しかし黒でも白でも、この“気は優しくて力持ち”などうぶつたちは愛すべき存在なのです。

サイの学名の“*Rhinoceros*”は、ギリシア語で鼻“*rhinos*”と角“*keratos*”によるもので、他でもない鼻先の立派な角こそがその存在を象徴するどうぶつです。しかしこの角がゆえにいまだに密猟のターゲットにされ続けており、現存する四種のサイたちはみな減少の一途をたどっています。そのうちの一種、クロサイも日本の動物園内では約二十頭を数えるのみで決して多いとは言えない状況の中、海外の動物園と協力しながら、その血統を管理し繁殖にも大きな成果を残し続けているのが安佐動物公園。国内外に広島生まれのクロサイをたくさん送り出してきました。

現在、世界最高齢のクロサイが広島にいるということを読者の皆さんはご存知でしょうか。日本のクロサイ界の始祖と言っても過言ではない「ハナ」は亡き夫の「クロ」との間に十頭の子どもをもうけました。そのうちの一頭がいま同園の現役お母さん「サキ」であり、このサキも既《すで》に六頭の子どもたちを育てたベテランです。サキの夫「ヘイルストーン」をハワイから迎える時の苦労と不安は忘れがたいと飼育係の大津晴男《おおつはるお》さん。「クロとハナから、サキとヘイルストーンへ繋《つな》がれたクロサイのバトンを未来へとリレーしていって欲しい」と強く願いながら、自身も四十年以上のクロサイ飼育係としてのバトンを次世代に託そうとしておられます。動物園では「その人しか面倒がみられない」どうぶつを減らすことも、とても重要なこと。どうぶつと、飼育、来園者、三者で織り成す動物園の未来は明るいものになると信じています。

ツノはケンカのときだけでなく、コミュニケーションにも使います。

つの

サイのツノは毛と皮膚が変化した角質でできており、骨はありません。つまり人間の爪や髪と同じようなもの。雨上がりや水浴びの後などには、ツノが柔らかくなり、岩などを使って器用に研《と》ぐ姿が見られます。たとえ折れても再生するので、野生下では密猟防止のために敢《あ》えて切り落とすこともあります。

みみ

大きく、回転することができる構造で、音の来る方向を察知します。

くち

上唇がものをつかむのに適した形になっています。

はな

とても嗅覚に優れており、外敵のにおいを敏感に嗅ぎ分けます。

め

つぶらな瞳がキュートなクロサイですが、視力はあまりよくありません。

ひふ

基本的に分厚く丈夫ですが、水遊びや泥遊びをしながら皮膚をまもります。

安佐のクロサイファミリー

ヘイルストーン ♂

1991年サンフランシスコ生まれハワイ育ち、安佐には99年に来園。立派なツノのお父さん。ちょっと寒がり。

ハナ ♀

1971年にケニアからやってきた世界最高齢のクロサイばあちゃん。サキのお母さんであり、10頭の子どもを育てました。

ユキ ♀

2012年生まれ。お母さんのサキにべったりだったユキも、最近思春期を迎えつつあります。お年頃の女の子なのです。

サキ ♀

1993年生まれ。2015年までに6頭の子どもを産んだ肝っ玉母さん。ヘイルストーンについで立派なツノがあります。

世界のサイ図鑑

世界には５種類のサイが生息していますが、個体数がもっとも多いと言われるシロサイでさえ、約２万頭。ジャワサイにいたっては約60頭しか現存していません。サイは元来、天敵がないゆえに多産ではないものの寿命の長いどうぶつ。しかしツノを目的とした密猟が横行し続けているという理不尽な理由で、サイたちは絶滅の危機を迎えているのです。

スマトラサイ
Dicerorhinus sumatrensis

体長　240～320cm
体重　800～1000kg
生息数　約250頭

現存するサイのなかで最も原始的なサイ。スマトラ島やボルネオ島に推定250頭が生息しています。ごく最近、カリマンタンに生息が確認されたのは良いニュース。唯一、体毛をもち、標高の高いところに生息し山道に適応するかのような小型な体型をしています。アジアのサイのなかでスマトラサイだけが２本の角をもちます。雌雄は単独で行動し、木の枝、葉や果物を主食としています。

ジャワサイ
Rhinoceros sondaicus

体長　300～320cm
体重　1500～2000kg
生息数　約60頭

最も絶滅が危惧される、ジャワ島にだけ生息するサイ。2011年10月にベトナムにいた最後の雌が密猟によって射殺され同国のジャワサイは絶滅しました。現在はインドネシアのウジュン・クロン国立公園に約60頭が生息するのみ。雌雄は単独で行動し、沼地で生活し、木の葉や果物を主食としているといわれていますがその生態は謎に包まれています。サイの仲間で最も小さな角が１本。

インドサイ
Rhinoceros unicornis

体長　310～420cm
体重　1500～3500kg
生息数　約3000頭

一時は200頭くらいまでその数を減らしましたが、現在は約3000頭にまで回復。沼沢地や草原などで水草やアシを主食として雌雄は単独で生活していますが、食べ物が豊富な季節には広大な沼地に数十頭のサイが集まる光景もみられます。角は１本。鋭い切歯をもち、雄同士の闘争では切歯をつかって相手を攻撃します。その折り重なった皮膚から別名「ヨロイサイ」とも呼ばれます。

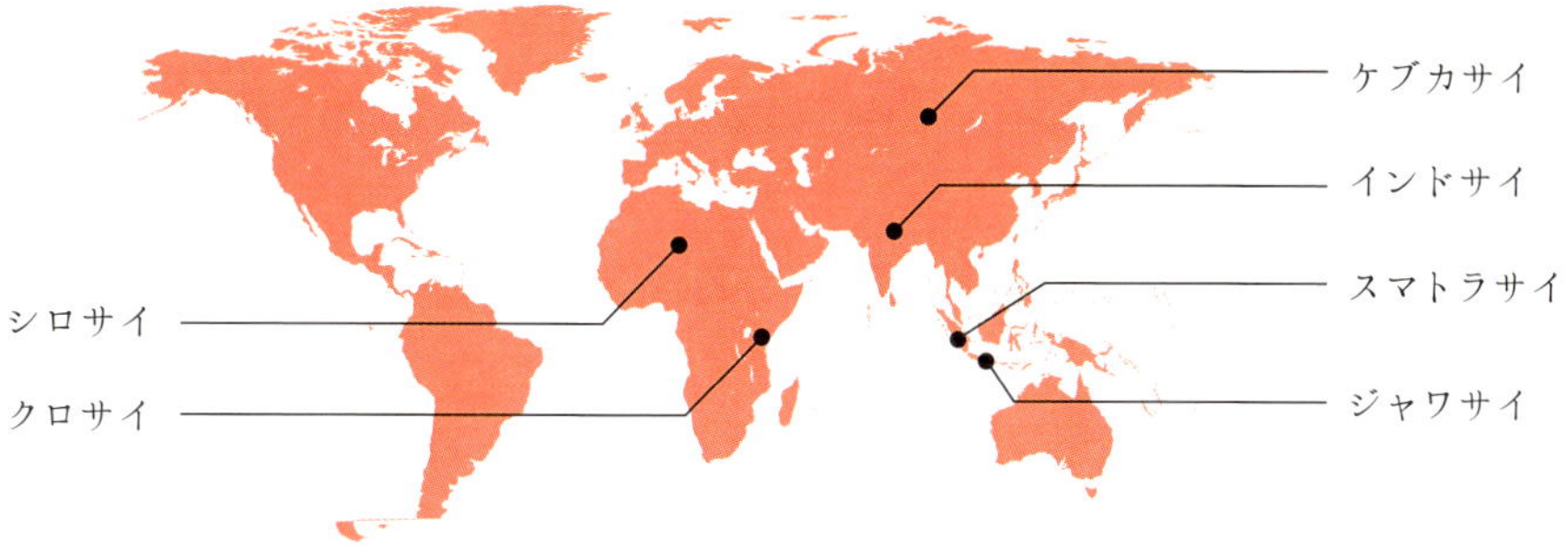

クロサイ
Diceros bicornis

体長	280 〜 305cm
体重	350 〜 1300kg
生息数	5000 頭

アフリカの灌木《かんぼく》地帯に生息するサイ。約5000頭。雌雄は単独で生活をしますが、時として母娘などでゆるやかなグループを形成しているとも考えられています。クロサイは7または8亜種に分類され、現存するのは4亜種。ニシクロサイは近年、絶滅宣言が出されました。ドイツはベルリン動物園が世界中のクロサイの血統管理をしながら飼育繁殖のコントロールを担当しています。

シロサイ
Ceratotherium sinum

体長		330 〜 420cm
体重	オス	2000 〜 3600 kg
	メス	1400 〜 1700 kg
生息数		約2万頭

アフリカのサバンナに生息するサイ。約2万頭が現存すると推測されています。比較的おっとりとした性質のサイで、唯一群れを形成しながら暮らしています。そのためペア単位で飼育する動物園内での繁殖が難しいとされています。キタシロサイとミナミシロサイの2亜種に分類されますが、キタシロサイは2016年3月時点で残っているのはオスが1頭、メスが2頭のみ。まさに絶滅寸前です。

絶滅種

ケブカサイ
Woolly rhinoceros

体長	300 〜 320cm
体重	300 〜 320kg
生息数	絶滅

マンモスやオオツノジカと並んで氷河期を代表するどうぶつ。約180万年前〜1万年前にユーラシア大陸北部に生息していた4mもの巨大なサイの一種で、現存サイの祖先と考えられています。2本の角を持っていたとされ、その姿は旧石器時代の壁画にも残っています。同じ時代にはエラスモテリウムというサイの仲間も存在し、こちらは1本の角でユニコーンのモデルとも言われています。

バーゼル動物園
Zoo Basel

バーゼルはチューリヒ、ジュネーヴに次いでスイス第3の都市として有名ですが、地理的にはドイツ、フランスの3国の国境に接する街で、古くから文化的宗教的に非常に開かれた環境が持ち味でした。大学や美術館なども多く、各国からの旅行者はもちろん地元のファンたちに愛される動物園です。

バーゼル動物園

営業時間：8:00〜17:30
（夏期は〜18:30。年中無休）
所 在 地：Binningerstrasse 40
CH - 4011 Basel

オープンは一八七四年、スイスで最も歴史のある動物園です。ヨーロッパにおいては飼育下でゴリラを初めて繁殖させたことでも有名で、二〇一二年には類人猿舎がリニューアルされたばかり。類人猿以外にも希少なコルドファンキリンやコビトカバなど多種多様などうぶつを飼育しており、現在コツメカワウソと混合展示されているインドサイについてはヨーロッパ中の個体について血統管理をしながら飼育繁殖する種別調整園でもあります。園内は緑に溢《あふ》れていて、公園を散歩しているうちにふとどうぶつたちと眼が合う瞬間がある、そんな印象でしょうか。野生のコウノトリが園内のあちらこちらで営巣していたりするのもヨーロッパらしい動物園の風景です。もうひとつ、園内に併設されるビバリウム（両《りょう》生《せい》爬《は》虫《ちゅう》類《るい》＋魚類館）はそのクオリティにおいても欧州でも他の追随を許さないと言われ人気を博してきましたが、二〇二〇年に大水族館〝オゼアニウム〟として新設が計画されています。

アドベンチャーワールド

Animal info

ジャイアントパンダ
Giant Panda
Ailuropoda melanoleuca

クマ科ジャイアントパンダ属に分類され、2006年に四川と秦嶺の2亜種に分けられるようになった。秦嶺種は基亜種における黒毛部分がやや茶色っぽい。氷河期の食料不足で他種と競合せずに入手しやすい竹を主食とするようになった。

お気に入りの木を取り合って登ったり、二頭で仲良くじゃれあったり。一歳を迎えたばかりのふたごのジャイアントパンダ「桜浜《オウヒン》」と「桃浜《トウヒン》」は遊び盛りで、本当によく動きます。ここアドベンチャーワールドに限らず、世界中の動物園・水族館において、子パンダ以上に来園者たちを夢中にさせるどうぶつは、そう簡単には見つかりません。この桜浜と桃浜をとにかくひと目見ようと日本全国からやってきて開園待ちをする来園者も少なくありません。そして桜浜、桃浜を前に老若男女を問わず「ああ、なんて可愛いの……」と嘆息を漏らすのです。

桜浜と桃浜は、二〇一四年十二月に生まれました。お母さん「良浜《ラウヒン》」とお父さん「永明《エイメイ》」のペアにとっては、四回目となる子どもたちの誕生です。通常、春に発情期を迎えて夏に出産というのが一般的なジャイアントパンダにしては珍しく冬に生まれた子たち。産室で温度湿度の管理など、いささか気を使う局面もありましたが、これまで数多くの出産を経験してきた良浜と同園にとっては、それくらいは想定の範囲内。無事に生まれた二頭はとっても元気いっぱいに育ってくれています。珍しいということで言えばもうひとつ、桜浜と桃浜はここ南紀白浜アドベンチャーワールドにおいて初のふたご姉妹。お姉ちゃんの桜浜は、いわゆるお嬢様タイプで飼育係に対して必要以上に懐《なつ》くこともなくマイペースなのに対して、妹の桃浜はとても好奇心旺盛で甘えん坊な性格をしています。見た目は、桜浜がお母さん似の丸っこい顔つきをしているのに対して、桃浜はお父さん似のスマートな顔つきをしているのですが読者の皆さんが見分けるには、耳がやや大きな桜浜、そうでない桃浜、というのが覚えやすいかも知れませんね。

パンダの母親は、ふたごを生んでも、二頭ともを育てることはあまりありません。パンダの赤ちゃんはとても未熟な状態で生まれますが、後に生まれた子は体の大きさも半分くらいと小さく、育つのがむずかしいのです。そこで同園では、良浜からふたごを交互に預かり、人の手で子育てをサポートすることで、二頭を無事に育てることに成功しました。これまでの子パンダたちも同じやり方でみんな立派に育っているのです。

かわいい姿が大人気のパンダですが、野生では千六百頭程度しか生息しないといわれる貴重などうぶつ。その繁殖に貢献するため、一九九四年、パンダの※ブリーディングローンとしては世界で初めて中国から来日したのが永明とメスの「蓉浜《ヨウヒン》」でした。そして、中国のスタッフと共同で繁殖計画を進めた結果、現在、同園では中国を除く世界の動物園で最も多い、七頭ものパンダの大家族が暮らしています。

桜浜・桃浜の誕生で、いちだんとにぎやかになったパンダファミリー。あたたかな家族のふれあいが、見ている私たちまでしあわせな気分にしてくれます。

アドベンチャーワールド

営業時間：9:30～17:00（季節により異なる）
入園は閉園1時間前まで。不定休。
アクセス：南紀白浜空港からバスで約5分
所 在 地：〒649-2201 和歌山県西牟婁郡白浜町堅田2399

※繁殖を目的に、飼育動物の貸し借りを行う制度。

ジャイアントパンダのしあわせファミリー

オカピやコビトカバと肩をならべる世界三大珍獣としてはもちろん、誰より何よりその愛くるしさが動物園ファンたちを魅了してやまない大スター・ジャイアントパンダ。継続的に繁殖に成功しているアドベンチャーワールドだからこそ、成長段階ごとの子パンダたちにも会えるのです。“昔、上野で見たナア” などと言って満足している読者は今すぐ和歌山県へこの一家を訪ねてみることを強くお薦めします。

ミルクタイム

2013年に新設されたパンダ放飼場 “Panda Love” では、1日1回15時から、ふたごにミルクをあげる「ミルクタイム」を公開しています。体が大きくなったふたごには、良浜の母乳だけではたりないため、母乳に似せて作った特製のパンダミルクをあげています。おいしそうに夢中になって飲む2頭。飼育係による解説も行われます。

桜浜と桃浜は仲良し姉妹

ころころと、転がるようにじゃれあう二頭はとっても仲良し。これまでの子どもたちよりも少し早めにお母さんと離れさせたので、お互いを意識し合って時に頼り合う、そんな関係です。南紀白浜初のふたご姉妹がこれからどんな風に成長してゆくのか、一度と言わず二度三度、会いに来てください。

パンダ、桜浜・桃浜の成長日記

2014.12.2 誕生

まだ体に白黒の模様はなく、目も耳も開いていません。体重は200g弱です。

2015.1.4 生後1ヵ月

生後1週間くらいから皮膚に白黒模様が現れ、パンダらしくなってきます。

2015.3.22「桜浜」と「桃浜」

見る人の心を和ませる桜と多くの人に愛される桃から「桜浜」、「桃浜」と名付けられました。

2015.7.2 お母さんと一緒

お母さん「良浜」と一緒にくつろぐ2頭。竹を食べる練習をはじめます。

2015.12.3 1歳の誕生日

お客さんにも元気に動く姿を見せてくれるようになりました。体重も約30kgに。

テディベアとジャイアントパンダの数奇な関係

テディベアは、欧米では百年以上前から人気のクマのぬいぐるみですが、このテディとはアメリカ合衆国第二十六代大統領のセオドア・ルーズベルトのこと。ある日、セオドア（テディ）と一緒に狩りに出かけた猟師が、傷を負ったクマを追い詰めて最後の一発を大統領に委《ゆだ》ねます。しかし、「スポーツマンシップにもとる」として大統領はこのクマを逃してやるのでした。このエピソードを同行の新聞記者が紹介したことで販売されるようになったのが、テディベア。

さて、ジャイアントパンダに話を戻しましょう。パンダを最初に発見した人物は、シフゾウを発見したことでも有名なフランス人博物学者アルマン・ダヴィド。調査で訪れていた中国で、地元の猟師が持っていたジャイアントパンダの毛皮をきっかけに、その存在を世に知らしめました。しかし皮肉なことに、このニュースは当時の好事家《こうずか》たちに「そんな珍獣を俺も手に入れたい！」と躍起にさせてしまいます。そしてなんと、欧米人として初めてパンダを撃ったのは他でもないセオドア・ルーズベルトの二人の息子たちだったのです。もしセオドア・ジュニアたちが撃つのを思い止まって人形作りを始めていたら、テディパンダが今頃人気を博していたかも知れませんね。

世界最古のジャイアントパンダ博物画。ダヴィドからの情報で制作された。

パンダファミリー

リーを一挙公開！　現在、同園で見られる7頭のほも元気に成長し、それぞれ家族を増やしています。

哈蘭《ハーラン》

成都ジャイアントパンダ繁育研究基地（中国四川省）で「梅梅」との人工授精を実施。「良浜」の父親。

梅梅《メイメイ》

1994年8月31日、成都ジャイアントパンダ繁育研究基地生まれ。2000年に来園し、「良浜」をはじめ7頭の子どもを育てた子育て上手なお母さん。2008年10月15日に永眠。

秋浜《ヒョウヒン》　**隆浜《リュウヒン》**

2003年9月8日、アドベンチャーワールド生まれ。日本で初めてのふたごのパンダで、梅梅が2頭ともしっかり育てました。秋浜は2010年、中国で人工授精により二喜（アルシィ）のパパパンダになりました。

2007年10月中国へ

雄浜《ユウヒン》

2001年12月17日、アドベンチャーワールド生まれ。世界で初めて冬に誕生したパンダとして有名に。2008年、中国で立派なお父さんパンダになりました。

2004年6月中国へ

良浜《ラウヒン》

2000年9月6日、アドベンチャーワールド生まれ。国内では12年ぶり4例目の赤ちゃんとして誕生。お昼寝が好きなやんちゃ娘でしたが、今ではやさしいお母さんに。

海浜《カイヒン》

2010年当時

陽浜《ヨウヒン》

2010年8月11日、アドベンチャーワールド生まれ。1歳当時、本誌『どうぶつのくに』で特集されたふたごはこの子たちでした。

2008年9月13日、アドベンチャーワールド生まれ。良浜に似て丸顔の「梅浜」はマイペース。「永浜」は永明に似て鼻が長く、甘えん坊です。

2013年2月中国へ

梅浜《メイヒン》　**永浜《エイヒン》**

ジャイアント

アドベンチャーワールドの仲良しパンダファミ〔リー〕か、繁殖のために中国へ帰ったきょうだいたち

エイメイ 永明

1992年9月14日、北京動物園生まれ。アドベンチャーワールドの10頭の子どもたちの父親。飼育下でのパンダの繁殖は人工授精が一般的ですが、永明は交尾ができる、世界でもトップクラスの「スーパーパパパンダ」です。性格はおっとりとしたのんびり者。

コウヒン 幸浜

2005年8月23日、アドベンチャーワールド生まれ。パンダランド一番のやんちゃ者だったパンダ。今後の繁殖のために中国に旅立ちました。将来は永明譲りの立派なお父さんになってくれるかな？

2010年3月中国へ

アイヒン 愛浜 / **メイヒン 明浜**

2006年12月23日、アドベンチャーワールド生まれ。待望の女の子「愛浜」は、好き嫌いのない食いしん坊に成長しました。おっとりとして甘えん坊の「明浜」と仲の良い姿が人気でした。

2012年12月中国へ

ユウヒン 優浜

2012年8月10日、アドベンチャーワールド生まれ。残念ながら妹は死産だったので、一人っ子として育ちました。

トウヒン 桃浜 / **オウヒン 桜浜**

2014年12月2日、アドベンチャーワールド生まれ。押しも押されもせぬ同園のアイドル姉妹です。

世界で暮らすパンダたち 2016 春

エジンバラ動物園（イギリス） ●●	王子動物園（日本） ●	トロント動物園（カナダ） ●●
シェーンブルン動物園（オーストリア） ●●●	上野動物園（日本） ●●●	アトランタ動物園（アメリカ） ●●●
マドリッド動物園（スペイン） ●●●●	アドベンチャーワールド（日本） ●●●●●●●	サンディエゴ動物園（アメリカ） ●●●●
パイリダイザ動物保護区（ベルギー） ●●		スミソニアン国立動物園（アメリカ） ●●●
ボーバル動物園（フランス） ●●	アデレード動物園（オーストラリア） ●●	メンフィス動物園（アメリカ） ●●
チェンマイ動物園（タイ） ●●		チャプルテペック動物園（メキシコ） ●●●
ネガラ動物園（マレーシア） ●●●	シンガポール動物園（シンガポール） ●●	

（中国をのぞく）

パンダのからだ

ふわふわ、もこもことまるでぬいぐるみのようにかわいいパンダ。しかし発見から100年以上経過した現在でもなお、その分類には議論が絶えない謎だらけのどうぶつ。そのふしぎなからだのしくみをご紹介します。

ねる

パンダは、1日の約3分の2、14 ～16時間も睡眠をとります。

もよう

目のまわりと耳、手あしが黒色で、腕から背中にかけて黒いもようがつながっています。

しっぽ

生まれたときは長いしっぽをもっていますが、成長すると短く丸くなります。毛の色は白。

永明流食事のマナー　たべる

まとめた葉を手でしっかり摑んで食べます。茎の部分は周りの緑の部分をはぎ、内側の白くてやわらかい部分だけを食べます。

そぎ落とした葉は口の片方にまとめ、次々と葉をそぎ落としていきます。大きな歯は人間の7倍ともいわれます。

竹をしっかりと摑《つか》み、枝を鋭い歯の間に挟んで葉をきれいにそぎ落とします。歯は子ども24本おとなになると42本です。

木登り

鋭い爪を使って、上手に木登りをします。でも、実は降りるのは苦手で、いつもドスンと落っこちながら降りています。

め

黒いもようがたれているのでかわいく見えます。子どもの頃はまんまるですが、おとなになると少しつりあがっていて、瞳孔《どうこう》がネコのように縦長い、ちょっと怖い目をしています。

5本の指のほか、親指の下と小指の下に指のような役割をする骨があり、しっかりと竹を摑むことができます。

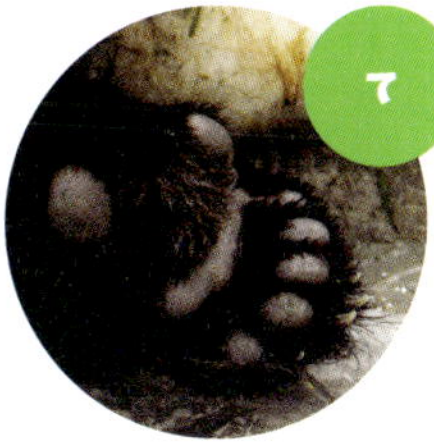

て

あそぶ

子どものパンダはよく遊びます。押し合いっこでしょっちゅっ木や台の上から落っこちますが、体がやわらかいので平気です。

“元祖”パンダ

レッサーパンダ
Lesser Panda
Ailurus fulgens

パンダというと、今ではこの白黒のジャイアントパンダを意味するのが当たり前になりましたが、実は学術的にパンダという名前で先に種の登録を受けたのはレッサーパンダでした(1835年)。その34年後にジャイアントパンダが発見されて、レッサー、つまり小型のパンダとされてしまいました。そも「パンダ」とはネパール語で“ポンガ(竹を食べる者)”だという説が有力ですが、実ははっきりしません。ジャイアントパンダの種小名*melanoleuca*はギリシア語の“黒い”と“白い”を繫げた造語です。一方、レッサーパンダの学名は“炎色のネコ”という意味です。

ふん

竹の葉が残った緑色のふんをします。ほのかに竹の香りがするだけで、臭くはありません。

ジャイアントパンダは、中国の標高二千六百～三千五百mの竹林に暮らしており、現在はクマに近いどうぶつと分類されています。三百五十万年前の氷河期を生き残った「生きた化石」ともいわれ、昔は小動物を捕まえて食べていたのが、生息地に豊富にあった竹を食べるようになったと考えられています。本来肉食動物であったため、草食動物のようには植物を消化することができず、食べた竹はほとんど消化されずにうんちとなって出てきます。しかも竹は栄養が少ないため、野生では一日に十四時間程度も食べ続けなくてはならず、残りの時間は体を休めるために寝ています。白黒もようである理由は、生息地の山地では、冬に雪が降ると周囲に溶け込む保護色になるほか、黒い部分が光を集めるため、体温調節に役立つ、敵に警戒心を起こさせるなど、さまざまな説があります。

サンディエゴ動物園
San Diego Zoo

アメリカはカリフォルニアの誇る西海岸有数の世界都市、サンディエゴ。メキシコとの国境近くに立地しており１年を通して暖かく、観光客からも絶大な人気を誇る観光スポットでもあります。２～３日かけてゆっくり“見たことないどうぶつ”リストから種類を減らすいいチャンスです。

サンディエゴ動物園

営業時間：9:00～17:00
（夏期は～21:00。季節により異なる）
所 在 地：2920 Zoo Drive San Diego,
CA 92101

郵便はがき

料金受取人払郵便

小石川局承認

1647

差出有効期間
平成29年1月
29日まで

112-8731

〈受取人〉
東京都文京区
音羽二—一二—二一

講談社
文芸第二出版部 行

書名をお書きください。

この本の感想、著者へのメッセージをご自由にご記入ください。

おすまいの都道府県

性別 男 女

年齢 10代 20代 30代 40代 50代 60代 70代 80代〜

頂戴したご意見・ご感想を、小社ホームページ・新聞宣伝・書籍帯・販促物などに使用させていただいてもよろしいでしょうか。 はい（承諾します） いいえ（承諾しません）

TY 000044-1509

ご購読ありがとうございます。
今後の出版企画の参考にさせていただくため、
アンケートへのご協力のほど、よろしくお願いいたします。

■ Q1 この本をどこでお知りになりましたか。

1 書店で本をみて

2 新聞、雑誌、フリーペーパー 〔誌名・紙名 〕

3 テレビ、ラジオ 〔番組名 〕

4 ネット書店 〔書店名 〕

5 Webサイト 〔サイト名 〕

6 携帯サイト 〔サイト名 〕

7 メールマガジン　8 人にすすめられて　9 講談社のサイト

10 その他 〔 〕

■ Q2 購入された動機を教えてください。〔複数可〕

1 著者が好き　2 気になるタイトル　3 装丁が好き

4 気になるテーマ　5 読んで面白そうだった　6 話題になっていた

7 好きなジャンルだから

8 その他 〔 〕

■ Q3 好きな作家を教えてください。〔複数可〕

〔 〕

■ Q4 今後どんなテーマの小説を読んでみたいですか。

〔 〕

住所

氏名　電話番号

ご記入いただいた個人情報は、この企画の目的以外には使用いたしません。

一九一五年、パナマ運河の開通を記念し開催されたサンフランシスコ万博がきっかけでオープン。サンディエゴ・ワイルドアニマルパークと対《つい》を成す、北米随一の動物園です。……意外とそう聞いていても、期待はずれというパターンは多々あるのですが、同園の規模（敷地面積、飼育どうぶつ種数、など）たるや比肩《ひけん》できる園館はそう簡単に見つけられないでしょう。希少なタスマニアデビルやコアラはもちろんなのですが、やはりここでもジャイアントパンダの人気はまさに別格。これまでに何度も繁殖に成功しており、今現在も両親と一頭の子ども、合計三頭が暮らしています。また、一九八〇年代に野生下で絶滅したカリフォルニアコンドルを唯一飼育繁殖しており、野生復帰のプロジェクトも着実に実施されています。このコンドルを含め、北米の動物相の歴史を紐《ひも》解《と》いた展示は白眉です。かつては北米大陸にゾウがいたことなど、どうぶつを媒介として歴史的な観点からも自然環境に興味を持たせる素敵なアプローチです。

長崎バイオパーク

Animal info

カバ
Hippopotamus
Hippopotamus amphibius

サハラ砂漠以南のアフリカの草原、川や湖・沼などに生息。草食性。大きな犬歯は一生伸び続け、上あごを突き抜けることも。アフリカでは年間3000人近い人間がカバに襲われて死亡しており、野生動物の事故としては最多。

緑の木々を背景に、ゆったりと広がるカバ池。カバのふるさと、アフリカの沼を思わせる、日本一広いカバ池です。池の中から目と鼻だけを出して、四頭のカバがのんびりと泳いでいます。長崎バイオパークの人気者「モモ」と、そのお婿《むこ》さん「出目太」、モモの母親「ノンノン」、父親「ドン」の家族です。

カバはふつう水中で子どもを産みますが、一九九四年三月、ノンノンは季節柄まだ水温の低いカバ池で子どもの安全を考えてか、モモを陸場で産みました。カバの赤ちゃんは水中でお乳を飲むので、お乳が飲めずに弱っていたモモを飼育係の伊藤雅男《いとうまさお》さんが預かって、母親代わりに育てたのです。カバの人工哺育は日本で誰も成功したことのない壮大なプロジェクトでしたが、見事に成長したモモはカバ池に仲間入りし二〇〇〇年にオスの「ムー」と結婚。残念ながらムーは十二年後に亡くなってしまいましたが、モモは立派なお母さんカバとして、これまでに四頭の子どもを育てています。三男一女の子どもたちは既に国内外の動物園に旅立ち、それぞれの地で人気者として愛されながら元気に暮らしています。

伊藤さんとモモは今でも大の仲良しで、モモは伊藤さんを見つけると、かわいらしいしっぽを左右に振ってあいさつします。そんなモモを見ると、モモの子どもたちも一緒に遊んでもらおうと伊藤さんに近寄って行く姿がよく見られました。伊藤さんは人というより、カバの家族の一員のよう。オスのドンは、伊藤さんが来ると必ず、自分のなわばりを主張するための撒き糞をします。「お前の嫁さん（ノンノン）は取らないよ（笑）」と、伊藤さん。カバの一家と伊藤さんのふれあいに、見ているこちらも楽しくなってきます。

一般に日本の動物園では一頭か二頭でいることが多いカバですが、アフリカの野生環境下では複数の家族の群れが一緒になって暮らしています。毎日たくさんのカバ同士でコミュニケーションをとりながら、繁殖・子育てをしてゆくどうぶつ。つまり日本の動物園ではカバを増やすどころか、近い将来カバに会うことができなくなってしまう可能性すらあるのです。そんな事態だけは絶対に避けなければならないという強い気持ちをもって、たとえ仕事が休みの日でもこのカバ池を訪れる伊藤さん。かつて東武動物公園の『カバ園長』と呼ばれた故・西山登志雄《にしやまとしお》さんの一番弟子でもあった伊藤さんを差し置いて「二代目カバ園長」の称号に相応《ふさわ》しい人物は他には見当たりません。カバは一頭でいるとなかなか鳴くことはありませんが、同園ではカバの鳴き声を聞くことができるのも魅力で、カバたちが「ヴォーッ、ヴォッ、ヴォッ」と鳴き交わす声がカバ池の森にとどろきます。「この声を聞くと〝日本のカバたちの未来をよろしく頼む〟とでも言われている気になります」という伊藤さんは今日もカバ池でカバたちと語らうのです。

長崎バイオパーク

営業時間：9:00～17:00（8月は～17:30）
入園は閉園1時間前まで。年中無休。
アクセス：西九州自動車道佐世保大塔ICから車で40分
所 在 地：〒851-3302 長崎県西海市西彼町中山郷2291-1

“カバの聖池”へようこそ

カバの属名“*Hippopotamus*”は古代ギリシア語で「川」と「馬」の造語で、和名もそれを直訳したもの。カバの乾燥しやすい皮膚を守るピンクの汗が殺菌効果と紫外線を遮断する機能を持つことは有名ですが、最近になってクジラと最も遺伝的関係が近い陸上生物としても注目を浴びており、興味は尽きません。そんなカバを長年にわたって群れで飼育することにこだわってきた長崎バイオパークはまさに日本におけるカバの聖地、いや“聖池”なのです。

カバのスイカまるごとタイム
7月中旬～8月下旬
毎年開催（詳細時間は要確認）
場所：カバ池

伊藤さんにあいさつをするモモ。
「ロミオとジュリエット」のような、
ほほえましい光景です。

「泳げなかったカバ」

日本初のカバの人工哺育は、モモと伊藤さんにとってチャレンジの連続でした。赤ちゃんの頃、お母さんと過ごさなかったため「泳げないカバ」として有名になってしまったモモに、泳ぎ方を教えてあげたのも伊藤さんです。人の手で育てられたどうぶつは、群れに入れなかったり、自分の子どもを育てられなかったりする場合が多くあります。しかし、モモは無事にカバの群れに入り、子どもたちもしっかり育ててくれました。モモが育てた子どもたちは中国や日本の動物園に旅立ってゆきました。

1

生まれた頃のモモ。陸上で身動きがとれず、仮死状態になっていたところを、伊藤さんに助けられました。

2

生後約1ヵ月、元気を取り戻し、飼育係からミルクを飲ませてもらうモモ。一般公開も始まりました。

3

生後約2ヵ月から水泳特訓がスタート。最初は水に入ることも怖がったモモに、合計16回の特訓をしました。

4

ムーと結婚し、第1子「ももたろう」を出産したモモ。親子仲良く、川の字になって休む姿が見られました。

5

モモの第2子、女の子の「ゆめ」。現在は静岡県の富士サファリパークで人気者となっています。

6

第3子「龍馬」とモモ。龍馬は鹿児島県の平川動物公園に旅立ち、お嫁さんにメスの「ナナミ」を迎えました。

7

第4子「百吉」と伊藤さん。現在は北海道の旭山動物園で一番の人気者。奥さんはメキシコからやってきたラテン系の「旭子」です。

8

モモの再婚相手「出目太」。日本のカバ飼育の歴史上最大の年の差婚とも言われるカップルとなりました。

日本一のカバファミリー

現在、日本で４頭もの“カバ一家”と会えるのは、長崎バイオパークだけ！日本で初めて人工哺育で育てられたカバ「モモ」と、楽しいカバファミリーを紹介しましょう。特に新婚“年の差”カップルからは目が離せません。

モモの新しいおムコさん

現在、カバ池で一番のひょうきん者として人気を博しているのは、モモの新しいお婿さんとして2013年に神戸からやってきた「出目太」。1歳と少しで長崎バイオパークにやってきた当初は、お母さんを恋しがって餌も食べない見事なスネっぷりが、飼育係たちを心配させたものでした。しかし今や来園者に餌をねだる姿は立派なバイオパークカバファミリーの一員です。３歳の誕生日を迎えたばかりでまだ幼さの残る出目太が、18も年上のモモに甘える様子はまるで母を慕う息子のよう。しかし、そのからだつきはもはやモモをも凌《しの》ぐビッグボーイ。きっとこの“年の差婚”の成果が見られる日もそう遠くないでしょう！

バイオパークにやってきた日の出目太

ドン

1980年1月2日生まれ ♂
体重2.1t
日立市かみね
動物園出身

やさしくて頼れる一家の大黒柱。メスよりひとまわり体が大きく、右側の犬歯が折れていて、左前足がピンク色。群れのリーダーとして、ときどき自分のなわばりを示す掛け糞をします。

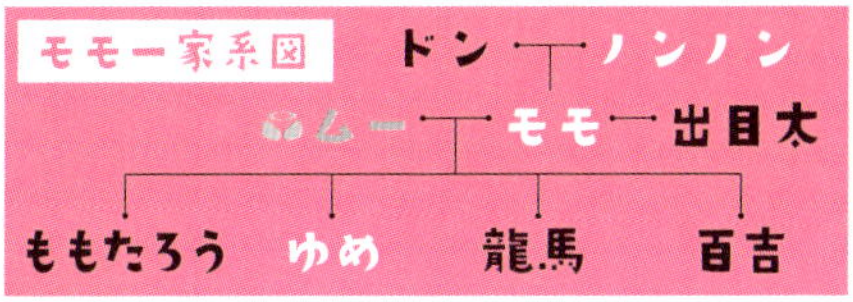

ノンノン

1980年3月25日生まれ ♀
体重1.6t
札幌市円山動物園
出身

マイペースなのんびり屋さん。モモの代わりに、よく自分の孫にあたる子カバたちの面倒を見て見くれたおばあちゃんカバ。右側の犬歯が長く、左側は半分くらいに折れているのが特徴。前足の付け根（胸）がピンク色。

出目太

2012年10月2日生まれ ♂
体重900kg
神戸市立王子動物園
出身

神戸にいる両親ともにとても大きな体つきですが、出目太もバイオパークに来てから2年足らずであっという間に体重が倍に！　モモと一緒に日本のカバ界を背負う、将来を嘱望されたオスなのです。

モモ

1994年3月6日生まれ ♀
体重1.6t
長崎バイオパーク
出身

食いしん坊。大好きなおからは、出目太の分まで食べてしまいます。右前足がピンク色で、横から見るとでべそなのが分かります。気が強く、気に入らない新人飼育係には向かっていくことも。

カバ園長の思い出

“2代目カバ園長” こと伊藤雅男さんはまさにカバ。見事、モモのことを親代わりに育て上げたその努力と愛情は、ヒトとカバの垣根を超えるに十分なものであったと『どうぶつのくに』とバイオパークのカバたちが保証します。“初代カバ園長” の西山登志雄さんと、そんな伊藤さんの師弟関係は美しくも温かく微笑《ほほえ》みを禁じ得ません。西山さんから譲り受けたそのカリスマ性で、きっと日本のカバたちの未来を護《まも》ってくださることを信じ応援してゆきましょう。

伊藤雅男（いとう･まさお）

1961年東京生まれ。1983年から長崎バイオパーク勤務。およそ30年間に14頭のカバの飼育に携わっている。趣味はカバグッズ収集と昆虫採集で、休みの日は捕虫網を持って山間部にいくことが日課。特に渡りをするチョウで有名なアサギマラのマーキング調査を20年間続けており、毎年2000～3000匹にマーキングをしている。長崎から台湾への移動も7匹記録した。最近はカメムシに興味を持ち、園内で採集したカメムシをポケットに忍ばせていることもある。

西山登志雄さん

1946年に上野動物園に入園し、飼育係としてカバを担当。カバと寝食を共にする生活や、カバに大きな口を開けさせる特技で有名となる。81年からは東武動物公園の初代園長に就任。「カバ園長」として親しまれた。2006年10月9日に他界。享年77。

カバ園長こと西山登志雄さんは私くらいの年代には少年ジャンプに連載されていた『ぼくの動物園日記』の主人公として有名でした。

西山登志雄さんとの最初の出会いは私が小学生の頃で上野動物園の干支《えと》の動物展会場だったと記憶しています。将来動物園の飼育係になりたかった私にとって憧れの存在だった西山さんから快くサインをしていただき大喜びでした。

その後、私は高校一年生の時に東京動物園ボランティアーズに入会し、その指導員が上野動物園普及指導係長の西山さんでした。その再会がとてもうれしくて、せっせと上野動物園に通いました。本来は動物園ボランティアとしての活動を目的として参加するのが当然なのですが、憧れの西山さんからいろいろな動物の話を聞くことが自分の上野通いの目的に変わってしまいました。

あるとき、切手収集を趣味にしていた私はそれをきっかけに西山さんと親しく話す機会を得ました。私は世界の動物、昆虫、鳥、魚などの切手を集めていて、それを西山さんに見せたときカバの切手に目を止められたのです。そこで「この切手持っていないから、僕の切手と交換してよ」と頼まれてしまった私の心境の複雑さと言ったら！　尊敬する西山さんのコレクションに私の持っているものが加わることは確かにうれしいのですが、私もそのカバの切手は一番のお気に入りのもので、どう返事をしたらいいか迷っていたところ、西山さんはそのカバの切手を私のストックブックからサッと抜き取り、「ありがとう！　来週の土曜日に僕は休みでいるから家に来て、僕の切手コレクションから好きなのを持っていけばいいよ」と言ってくれました。

そして約束の当日、西山さんの家に着くと奥様が玄関で迎えてくれましたが、なんとご本人の姿はありません。「ニシヤマサン、ニシヤマサン」とよくしゃべるキュウカンチョウと遊びながら終日待ってみたものの西山さんは帰ってきませんでした。ご想像の通り（？）切手は結局現在まで交換できず終《じま》いですが、西山さんとの縁を得られたことを幸せに思いながら帰途についたことをよく覚えています。

西山さんの話は私がシマウマのこと、キリンのこと、サイのことなどを質問しても話の途中でいつも「ところでカバはね」と言ってから最後までカバの話だけ続けるのでした。そうこうするうちに、いつの間にか私もどんどんカバの知識が増え、カバ大好き人間への道を歩みはじめていたようです。

その後、西山さんは上野動物園を退職し、東武動物公園の園長として移籍してしまい、また遠い存在となってしまいました。就職の時も、私は西山さんの下で働きたいと尽力しましたが残念ながらその夢は叶いませんでした。

私が二十一歳の時に長崎バイオパークの飼育係として初めて担当した動物はカバでした。これは当時の上司から何の動物の飼育をしたいか聞かれたため、私はもちろん「カバをしたいです」と答え、上司の計らいで希望どおりカバの担当ができるようになったものでした。

西山さんに憧れて動物園の飼育係となり、それもカバの飼育をできることになり、夢のような日々でした。四頭のカバの飼育をしながら、カバの観察をしている時も「この行動は西山さんの話のとおりだ」とか、「西山さんの話では、こんな時はこうすればよかったはずだ」などと西山さんから聞いた話を思い出しながらカバとの対話、体当たり飼育を行っていました。

私は西山さんがカバの飼育係だった若き頃は知りません。その頃の写真や本に書かれているものを後日見ているだけです。でもその頃の西山さんの楽しかったこと、大変だった苦労など、カバの飼育をしながら私も感じるものはありました。いつも飼育のお手本は西山さんでした。だから、西山さんの書かれた本はほとんど手に入れていました。

モモが一歳の誕生日のころ、地元長崎のテレビ局がモモの人工哺育の一年をまとめた特別番組を制作してくれました。この時に西山さんに会いに行き、人工哺育の成功を報告しようと計画をしました。西山さんにはテレビ局のスタッフが連絡をしており、私は覚えていてくれるか心配しながら東武動物公園に向かいました。西山さんは時間があるといつも座っているという、アフリカサバンナエリアの近くのレストランにいました。私があいさつをするといきなり「俺は人工哺育をして失敗したけれど陸上でミルクを飲ませる発想はなかったな」と褒めて(?)いただいたのでした。素直に嬉しい瞬間でした。

この撮影をきっかけにまた西山さんと連絡を取るようになりました。二〇〇〇年の年賀状に「うちのモモ、適齢期なんですけど良いオスのカバをご存知ありませんか?」と書いたのです。年明けすぐに「自分のことをカバと名乗っている人から伊藤さんに電話です」と同僚から言われて受話器を持つと、その電話の主は西山さんでした(カバ園長と名乗ったため、かばさんという方だと同僚は勘違いをしたようです)。第一声、西山さんは「うちのカバをやるよ!」と言ってくれたのです。すぐに打ち合わせと称して、東武動物公園にお婿さん候補に名乗りを上げたカバに会いに行きました。しかし、その時カバよりも印象に残ったのは西山さんとの食事でした。西山さんはエビピラフを食べながら夢中でカバの話を続けるので、口元からご飯がポロポロと落ちてくるのです。私はその姿が「餌のおからを食べるカバとそっくり」だと気付いてしまい、打ち合わせどころではなく「自分もここまでカバに似ることが出来るか？」とそればかりで頭の中がいっぱいになりました。〝心底カバだった〟西山さんを凄いと再認識した日でした。

こうして、私が育てたモモは、カバ園長の育てたムーを旦那さんに迎えることになりました。それは西山さんからの日本初の人工哺育成功のお祝いの意味もあったかもしれません。娘のように育てたカバの結婚相手が西山さんの孫のような存在であるカバですから、西山さんと親戚になった気分でとてもうれしかったし、縁というものがあるのだと思ったものでした。モモとムーの結婚式を長崎で行う時も西山さんにはムーの〝親族〟として出席していただきました。

モモはムーとの間に四子を授かりましたが、ムーは二〇一二年二月に他界してしまいました。西山さんも二〇〇六年に他界されており、ムーを若くして死なせてしまったことを直接謝ることが出来ないことが悔しくてたまりませんでした。

三十年前には日本にたくさんいたカバたちも現在は少子高齢化が進み、個体数が少なくなっています。この大きな愛嬌者《あいきょうもの》が日本の動物園から消えることがないように、何かしなくてはいけないと痛切に思っています。『どうぶつのくに』編集長の田井さんは、私に「二代目カバ園長」の異名を与えてくれましたが、その名に恥じないよう日本のカバたちのためになりたいとねがってやみません。カバたちと、初代カバ園長の西山さんに思いを馳せながら、今日もエビピラフを味わってみようと思います。

おたる水族館

Animal info

トド
Steller's Sea Lion
Eumetopias jubatus

北太平洋からベーリング海まで広く分布するアシカ科最大種。メスで300キロ、オスの最大体長は3.3m、体重1tにも。種小名*jubatus*は“たてがみがある”の意味。和名はアイヌ語の“トント（なめし革）”から。

おたる水族館が誇る「海獣公園」は日本海に面する、いささか水族館離れしたワンダーランド。まさに怪獣、いえ海獣の名に恥じない「グアァオ！」「ヴォオオオ！！」という雄叫《おたけ》びがあちらこちらに谺《こだま》します。中でも一際力強い咆哮《ほうこう》の主は、二〇一五年から新たに群れのリーダーに就任したトドのソユン。それまで長年にわたってリーダーを務めてきたガンタローを引退に追い込んだ新鋭です。二頭の年齢差は十ほどありソユンの若さとその勢いがガンタローに優り、自然と世代交代を迎えたということのようです。担当飼育係の川本守《かわもとまもる》さんの「実はソユンのやつ、最近ぐっとモテるようになったんですよ」という言葉の通りメスたちが自然とソユンに寄り添う様子もよく見られ、なるほど男らしい貫禄が出てきたではありませんか。

　現在おたる水族館では十七頭を飼育するトドですが、水族館業界ではその繁殖は実に難しいとされています。実は前リーダーのガンタローが、二十四頭もの子を残しているのが驚異の世界記録なのですが、二番目の記録もその前のおたるトド池リーダー「シロ」の十六頭で、国内はもとより海外の水族館へ目を向けてみてもこれほど継続的かつ順調に繁殖成果をあげている施設は他にありません。この実績については、むろん北の海の幸をふんだんに使った新鮮な餌や、ハレムを形成するトドの性質に合わせた群れでの飼育の成果であることは言うまでもないのですが、何よりも海獣公園のロケーションこそがその秘訣でしょう。ダイレクトに野生の海に面している海獣公園の最奥にあるトド池には、柵一枚を隔てた冬の海から荒波飛沫《しぶき》はもちろんのこと、なんと野生のトドたちが時としてそのまま荒波に乗って池に入ってくるというのですから驚きです。川本さんたちがある朝出勤してきてみると「どうも昨日より一頭多い……」なんて状況も一度や二度ではなかったとか。これが海獣公園の野性味溢れる展示、いえ、もはや野生環境そのものです。

　ちなみにこの海獣公園では、そんなトドたちのショーこそが最大の見所。数百kgの巨体が、驚くほどの速さで走り泳ぎそして宙を舞う、単にダイナミックという言葉ではおよそ表現しきれないほどのスピード感と迫力。しかしどんなに波が高かろうが、吹雪が激しかろうが、一日も休まずにそんなトドたちの面倒を見ながらトレーニングを続ける同館の飼育係たちこそが最もワイルドなのかも知れません。トドたちよろしく鮭を丸ごとひと呑み！　とまではいきませんが、凍《こご》える手を温めながらトドたちの健康と群れの秩序を管理する姿は感服ものです。ぜひ海獣公園でトドショーを見て、素晴らしきどうぶつと飼育係のコラボレーションに拍手を送ってあげてください。

おたる水族館

営業時間：9:00〜17:00（通常期。〜16:00の日も）
入館は閉館30分前まで。休館時期および冬期営業は要確認。
アクセス：北小樽ICより車で約20分
所 在 地：〒047-0047 北海道小樽市祝津3-303

雪とトドが舞う冬の海獣公園

オープンエアの海獣公園は、自然の海の様子とともに季節の移り変わりを肌で感じられる展示環境。日本海の吹雪をものともしない、トドたちのたくましさに刮目《かつもく》すべし、です。

ソユン

2010年4月のある朝、飼育係がトド池に来てみると何食わぬ顔で群れに混じって泳いでいたという“図太い”男。自己主張が強く、空気の読めないところがありましたが、ついに若さでガンタローから見事に世代交代を果たしたニューリーダー。

野生のトド、募集締め切り

海獣公園から、ふと園外の海辺に目を向けると野生のトドたちと目が合うことも珍しくありません。かつて、そんな野生トドたちを対象に「ショーの出演キャスト募集」をしたこともありましたが、希望者（トド）が殺到しすぎてすぐに締め切られたという遊び心いっぱいの逸話が残っています。次回募集は未定ですが、アシカ科トド属のみ応募可だそうですからご注意を。

屋外にあり、時化《しけ》や雪、気候の変化を感じられる海獣公園は、本来の生息域に近い環境。トドたちは海から入ってくる魚を追いかけるなど、良い刺激になっています。

すぐ近くの海では、野生のトドたちが顔を出すこともしばしば。

サケは飲み物?!

トドたちは厳しく冷たい海での生活に耐えるためにもしっかりとからだに脂肪を蓄える必要があります。その餌のボリュームはトド池にいる七頭分だけでも一日あたり二百kg。サバやタラなどはもちろんですがやはり脂の乗ったサケとホッケは大人気メニューだそうです。「サケは飲み物」というトドたちが、ショーの中でサケを一匹頭から丸呑みする姿が見られるかどうかは、サケの入荷状況なので悪しからず。

レジェンドにも寒さにも、負けません

トドは四十年前のオープン当初からおたる水族館の大人気どうぶつ。当時は大きなトドが今よりもたくさんいたそうで、ショーの迫力ももはや伝説級。現在の飼育係たちも、そんな先輩を目指して日夜努力しています。トドたちが大きく育つようしっかり健康管理しながら、冬の間も休むことなくトレーニングに励んでいるのです。

雪とトドが宙を舞う！

オープン当時の光景

海獣公園オールスターズ

海獣公園に暮らす人気者は、なにもトドだけではありません。5種のアザラシやセイウチ夫妻、それからもちろんペンギンたちも、一面銀世界と化した海獣公園で、元気にその姿を見せてくれます。1～2月の外気平均気温はマイナス７度と人間には厳しい寒さですが、どうぶつたちは元気いっぱい！

1mにも達する巨大なキバが特徴の"海象"ことセイウチ。口の周りに密集する硬いヒゲで海底を漁ってエサを見つけます。脂肪をしっかりと蓄えて、北極圏の寒さもなんのその。氷山や海岸に大きな群れを作って暮らしています。

セイウチ
Walrus

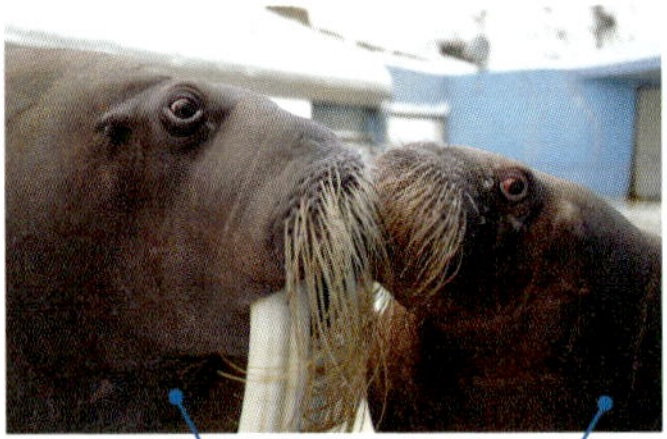

ウチオ ♂
体重 1400kg
1990年に1歳で同館へやってきました。海獣公園一の芸達者ですが、ウーリャには頭が上がりません。

ウーリャ ♀
体重 700kg
1992年に1歳で三重の水族館に来日。キバはなくともウチオを尻に敷くパワフルなセイウチ奥さん。

おしどり夫婦のウチオとウーリャ

熱いキッスを交わしたかと思うと、「昔はアザラシみたいに可愛かったのに」とボケるウチオに「なんでやねん、種変わってしもとるやないか」とツッコミを入れるウーリャ。おたる水族館の名物夫婦漫才をお見逃しなく。

ツララ ♀
2009年おたる生まれ。
ウチオとウーリャの娘。同館イルカスタジアムのショーで活躍しています。

投げキッスをしたり、飼育係と空手の組手をしたりと、2頭はとっても芸達者。頭が良いので1週間ほどで新しいアクションを覚えてしまうのだそう。来園する度にバリエーションが増えているかも！？

ワモンアザラシ
Ringed Seal

世界最小種のアザラシ。おたる水族館では2004年に国内で初めて飼育下での繁殖に成功しています。生息地によって6亜種に分けられます。

アゴヒゲアザラシ
Bearded Seal

名前の通り長いヒゲが特徴ですが実は顎ではなく、上唇あたりから生えています。からだの大きさから考えるとかなり小顔なアザラシ。

ゴマフアザラシ
Spotted Seal

北海道で最もよく見られるアザラシ。生まれたばかりのときは真っ白な産毛に包まれていますが、2週間ほどでゴマ模様に生え変わります。

ゼニガタアザラシ
Harbor Seal

黒い体に白い古銭模様、つまりゼニガタ。日本に定住する唯一のアザラシです。こちらの「トラ」は1970年に同館へやってきて、日本最高齢記録更新中。

クラカケアザラシ
Ribbon Seal

からだにリボンのような白い模様があり、これが馬の鞍を背負っているようなデザインになっているのが名前の由来です。

ジェンツーペンギンたちの「冬の散歩」

冬の間、ペンギン広場で行うお散歩タイムは家族連れに大人気。新雪が積もった日はペンギンたちのテンションが上がって、得意の「トボガン（アメリカ先住民のソリ）滑り」を見せてくれるかも知れません。

ジェンツーペンギン
Gentoo Penguin

頭の白い帯模様がターバンを連想させることから、「ジェンツー（異教徒）」という名前がつけられました。泳ぐスピードはペンギン全18種類中最速で、なんと時速36㎞に達します。

小樽の魚、「ニシン」と「ホッケ」

おたる水族館は、海獣ばかりではなく魚類の展示も地元らしく秀逸です。中でも 2008 年に日本で初めて繁殖に成功したホッケや、小樽の歴史を彩ったニシンは同館には欠かせない存在です。

北海道の日本海側ではニシンが多く水揚げされ、ニシン漁で財を成した北海道の漁師たちは浜辺に豪華な屋敷を建て「ニシン御殿」と呼ばれました。しかし、昭和に入ってから漁獲量は減少し、明治末期から大正期の最盛期には年間100万t 近くあった漁獲高が現在では4千t にまで減少しました。

ホッケ
Arabesque Greenling

体長は最大で 50cm ほど。北海道近海でニシンが獲れにくくなるにつれ、その代替品としてホッケの需要が増し、一般家庭の食卓に定着しました。鮮度低下が早い魚なので、ニシンと同様に干物として流通しています。ホッケ（通称マホッケ）とキタノホッケ（通称シマホッケ）の２種に分類されます。

ニシン
Pacific Herring

体は細長く 30 ～ 35cm ほど。回遊魚ですが、自分が生まれた海域に戻り産卵する性質があり、かつて春の繁殖期には海岸を埋め尽くしたほどで別名「春告魚《はるつげうお》」。江戸時代に干物「身欠きニシン」として日本全国に流通し、現在でも各地の郷土料理によく登場します。ちなみにニシンの卵が高級食材カズノコです。

出世魚、ホッケ？

ブリやスズキなど、成長に応じて名前が変わる魚を「出《しゅっ》世《せ》魚《うお》」と呼びます。これは江戸時代、元服や仕事のキャリアアップに伴って、名前を変える習慣があったことになぞらえてのネーミング。常に「○○ホッケ」と、その名前が残るホッケは厳密には出世魚とは言えませんが成長過程でたくさんのニックネームがありますのでその一部をご紹介しましょう。

1. 青ボッケ
体長 4 ～ 16cm
幼魚期は海面の表層を回遊するため保護色として背側が青くなります。

2. ロウソクボッケ
体長 20cm 前後
生後 1 年が経過したもので、淡いボディに唐草模様が見られるように。

世界最大のカレイ、「オヒョウ」

カレイの仲間にはたくさんの種類がいますが、一般的なカレイの体長は四十cm前後なのに対してオヒョウの体長はなんと平均すると二m以上！ 過去には三m・二百kgの個体が捕獲された記録もあります。ただし、大きくなるのはメスのみで、オスはせいぜいメスの三分の一程度。毎年約十cmずつ成長しますが、百五十歳とも言われる長寿魚がゆえにビックリするほどの大物がいるのも納得。おたる水族館にいるオヒョウは一m前後ですが、まだまだ大きくなるのが楽しみですね。

オヒョウ
Halibut

布袋尊のスペシャルメニュー

予知と金運の神様、布袋尊《ほていそん》。七福神のうち、唯一実在したとされる伝説の仏僧です。ホテイウオは、もちろんこの布袋尊がモデル……と言うのはそのぽってりした見た目から。泳ぎが苦手で、おなかの大きな吸盤で岩にくっつき、ウロコの代わりに粘液で体を守りながら暮らしています。北海道では「ゴッコ」と呼ばれ、卵や身などを丸ごと使った郷土料理「ゴッコ汁」は人気の郷土料理。ゴッコ汁を食べて布袋尊にあやかった金運が授かるかどうか、試してみては？

ホテイウオ
Smooth Lumpsucker

歌川国芳『布袋図』

氷河期の生き残り？

おたる水族館が保護繁殖に取り組んでいるキタサンショウウオは、全長十cm程度の小型サンショウウオ。中国やロシアなどにも生息していますが、日本でも一九五四年に釧路市で発見されたことで北海道がユーラシア大陸と地続きであったことを証明しました。約二万年前の氷河期に大陸から渡ってきたという風に考えられており、一九七五年に釧路市の天然記念物に指定されました。キタサンショウウオは厳しい氷河期を見事に生き抜いた、貴重などうぶつなのです。

キタサンショウウオ
Siberian Salamander

ホッケの産卵期は9月から12月。オスは岩場に縄張りをつくりメスを誘って産卵させ、卵を守ります。ホッケは繁殖が非常に難しいのですが、2008年に日本で初めておたる水族館が繁殖に成功しました。卵の色は産卵直後と1日経過したものでは、大きく変化します。

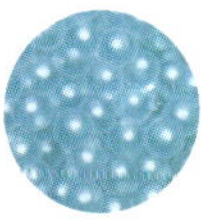

直後

翌日

3. 根ボッケ

体長30cm前後

この大きさになると、回遊をやめ、海底に根づいたように定着します。

4. 道楽ボッケ

体長35cm以上

更に大きくなり、丸々と太ってほとんど動かなくなった大物たちです。

ツーオーシャンズ水族館
Two Oceans Aquarium

「アフリカに水族館なんてあるんですか？」と、よく訊かれることがありますが、もちろんアフリカにも動物園や水族館はバッチリ存在しています。そしてそのどれをとってもクオリティの面では世界有数なのですから、アフリカにお出かけの際は野生のどうぶつを見るついでに、是非お立ち寄りください。

ツーオーシャンズ水族館

営業時間：9:30〜18:00
（年中無休）

所在地：Dock Road, V&A Waterfront, Cape Town, South Africa

南アフリカ共和国のケープタウンにある同館は、アフリカの最南端に位置するためインド洋と大西洋がちょうどぶつかる「潮目の海」をテーマとした水族館。魚類もクラゲも両生類たちもどうぶつの種類は単純に二倍、つまり一度で二度美味《おい》しいということです。この辺りの海域でよく見られるサメやマンボウなどの大型魚類も人気ですが、やはり何と言っても地元がほこるケープペンギン（別名アフリカペンギン）をはじめとした、ペンギンたちの展示は来館者を夢中にさせています。そしてもうひとつ、この水族館の大きな魅力はそのロケーション。館のすぐ目の前にひろがるハーバーでは、野生のミナミアフリカオットセイたちが思い思いに日向《ひなた》ぼっこをしている姿にお目にかかれます。さすがに勝手に館内にしれっと入り込んで餌をもらっているというようなことはないそうですが、立派に市民権は得ている模様。あまり近付き過ぎないようご注意を。

体感型動物園iZoo

Animal info

ガラパゴスゾウガメ
Galapagos Giant Tortoise
Chelonoidis nigra

リクガメ科最大種。体重は300kgにも達する。15亜種に分類されるがうち5種はすでに絶滅した。食性は植物食で新陳代謝が低く、体内に大量の水分を蓄えられるため、飲まず食わずでも1年程度は生きられる。

南米はエクアドルに存在するガラパゴス諸島。かの有名な動物学者チャールズ・ダーウィンが進化論にたどり着くきっかけとなった場所です。ただし、諸島と呼ばれている通り、ガラパゴスは実際には百以上からなる島と多くの岩礁《がんしょう》が集まって成立しています。ゾウガメたちは三百万年ほど前に南米大陸からこの諸島へ流れ着き、そこから気の遠くなるほど長い時間をかけて十一の島で十五亜種に分化しました。しかし、人間が上陸したことで現在はそのうちの五種が絶滅に追いやられました。多くの海賊たちがこの小さな島々を隠れ家にしたり、捕鯨船が航海の中継地にしたり……天敵が存在せず人間を恐れることを知らず、かつ小まめにエサや水を与えなくても丈夫で長生きするゾウガメたちは、長い航海には格好の食糧や燃料とされていたのです。また、人間によって持ち込まれた家畜たちがゾウガメの卵や幼体を脅《おびや》かし、さらにはエサとなる植物を減少させたことも、ゾウガメたちを追い込んだ大きな要因でした。しかし現在では世界中の動物園や各種研究機関が連携協力しながら、飼育下で繁殖した個体を野生復帰させるプログラムも進んで、諸島内の個体数は徐々に回復しつつあります。

　ここ伊豆半島のiZooで暮らす「ラック」は、サンタクルス島からやってきたガラパゴスゾウガメ。一九八五年七月、ラックと一緒に来日したお嫁さん候補のメスは、ほどなく亡くなってしまいました。「当時はまだ、リクガメ全体について飼育方法が確立しておらず、情報も少なかったため、とにかくすべてが手探りだったようです」と、飼育係の千田英詞《ちだえいじ》さん。かれこれ二十年にもわたってラックと親友のように付き合ってきたベテランです。とても食いしん坊なラックは、一時、食べ過ぎと運動不足がたたって歩きづらいほどの肥満になってしまったこともありました。しかし、千田さんと一緒に食事制限と適度な運動をスタートさせ、三十kgほどのダイエットに成功して現在の体重は百八十二kg。読者の皆さんと比べると、まだだいぶ重いかも知れませんが、これはラックのように既に百二十八歳を越えるガラパゴスゾウガメとしては実にスリムな体形です。

　スリムになったラックの次なる目標はもちろん嫁探し。二〇一二年に惜《お》しまれながら亡くなったチャールズ・ダーウィン研究所の「ロンサム・ジョージ」のように、子孫を残せないままにしておく手はありません。同園ではメスのガラパゴスゾウガメを導入すべく手を尽くしており、新しいお嫁さんがお目見えする日もそう遠くはないかも知れません。「ゾウガメは二百年以上も生きると言われていますから、百歳そこいらのラックはまだまだ男盛りですよ」という、千田さんの言葉通り日本のガラパゴスゾウガメ界を支える立派なオスになってもらいたいですね。

体感型動物園iZoo

営業時間:9:00～17:00
入園は閉園30分前まで。年中無休。
アクセス:伊豆急行河津駅よりタクシーで5分
所在地:〒413-0513　静岡県賀茂郡河津町浜406-2

伊豆半島の“ロンサム・ラック”

踊り子ほど華麗に舞うことはないまでも、ここ伊豆半島でもっとも有名なスターはラックを差し置いて他に思い当たりません。伊豆半島の年中暖かく過ごしやすい気候と美味しい果物は、はるか地球の裏側にあるラックの故郷ガラパゴスを想わせます。

かお

まるい鼻孔は目線と同じ高さに。目の周りの彫りの深さからか「ガイコツっぽい顔つきと言われることもあるけど、昔からこんな顔です」とは飼育係の千田さん。迫力はあるけれどなんだか憎めない顔をしています。

甲羅

カメは、ひと言で言うと甲羅のある爬虫《はちゅう》類。骨甲板《こつこうばん》を、角質甲板が覆うという頑丈な甲羅の構造となっています。甲羅の表面には年輪のような刻みがあり、年齢を計り知る手がかりとなっています。

おなか

ガラパゴスゾウガメのおなかを見たことがある方は、『どうぶつのくに』読者の中でもなかなか少ないはず！　腹甲《ふくこう》も、しっかり頭と四肢を収納できる大きさと頑丈さを兼ね備えています。

ごはん

ベジタリアンのラックが現在、一日にたべるごはんの分量は大体これくらい。栄養価の高い小松菜が特にお気に入り！

くち

歯はなく、角質の口は鳥の嘴《くちばし》に似ています。舌は短く厚くなっていて繊維質のものを咀嚼《そしゃく》するのに役立ちます。ちなみに声帯はなく、威嚇《いかく》や交尾のときに出す「シューッ、シューッ」という音は、呼吸の摩擦音。

くび

ラックは、地面に下草など植物がたくさん生えている島に生息するタイプのガラパゴスゾウガメ。高い位置にある葉や果物を求める必要がないので首はあまり長くありません。もちろん、驚いたり危険を察知したりしたときにはカメらしく、ちゃんと甲羅の中に収納できます。

しっぽ

オスとメスを見分けるのがこのしっぽ。オスは生殖器がしっぽの中にあるために大きく、メスは小さいのです。歩くときは引きずって邪魔にならないよう、くるりと丸めて巻き込んであります。

あし

重い体を支える太くてがっしりした足は、まさにゾウ。鱗《うろこ》で覆われて、ちょっとやそっとでは傷つかないようになっています。ただ、足裏は弾力があるので岩場もしっかり歩けます。前足には５本、後足には４本の指としっかりした爪があります。

うしろあし

まえあし

ガラパゴスゾウガメとアルダブラゾウガメ

ｉＺｏｏでは現在、ラックと一緒に五十一頭のアルダブラゾウガメを飼育しています。アルダブラゾウガメは、インド洋にある世界有数の規模を誇るサンゴ礁地域セーシェルの固有種でガラパゴスゾウガメと同じく絶滅が危惧される希少なゾウガメです。この二種、大きさも形状もよく似ていますが、見分け方は簡単。正面から見た顔の印象が四角いのがガラパゴスゾウガメで、それに対して、まるっこい顔つきをしているのがアルダブラゾウガメ。セーシェルは岩盤地帯が多いので、水を飲むのに鼻先が尖っているほうが便利なのです。もっと確実な見分け方を、という場合は甲羅のいちばん前方の先を見てください。アルダブラゾウガメには首の上にひとつだけ小さな甲板の継ぎ目「項甲板《こうこうばん》」があります。

アルダブラゾウガメのロッキー(♂)

ガラパゴスゾウガメのラック(♂)

こどもとエサ

ゾウガメも生まれた当初はこんなに小さく可愛らしいもの。メスは1回の産卵で地中に約20個の卵を産みます。孵化までは120～140日。草、果実などを食べて大きくなりますが、脂肪を代謝し代謝水を体内で利用できるので1年間ほどは水なしでも生きられます。ちなみに消化には2～3週間かかります。

フィンチと泥浴び

ゾウガメたちは泥の中で全身に塗りたくり、甲羅で体温調節をしながら1日16時間近く睡眠をとります。泥の中にいることで、暑さと蚊や寄生虫から身を守っているのです。そばには共生関係にあるフィンチなどの鳥たちがいて、ゾウガメの古くなった皮膚、ノミやダニの掃除をしています。

交尾と繁殖

ゾウガメたちの繁殖シーズンは、3～4月。サンタクルス島にあるチャールズ・ダーウィン研究所での繁殖率はなんと100％以上！ 長年の研究の結果、ゾウガメの卵は孵化《ふか》する温度によって性別が変わることをつきとめ、自然界よりも優れた環境による性別コントロールをも可能にしたのです！

全体に平たく前端部のめくれあがった「鞍型」

鞍型のゾウガメは首を驚くほど高く持ち上げて、上方の餌を食べることができます。また、甲羅の高さが低いことは、狭い場所にも入り込めることを意味しています。乾燥した島では下草がなく、大きなサボテンの高い位置の葉や花を食べるためにこの形に進化したと言われています。

丸く盛り上がった「ドーム型」

ドーム型は、その名の通り体の熱を逃げにくくする構造になっており、湿潤で植物が密生している島に適した構造です。甲羅は高く頑丈で、トゲや固い樹皮をものともせず前進できます。一般に、ドーム型のゾウガメの方が、鞍型のゾウガメよりも大きくなるようで、iZooで暮らす「ラック」もこの形状をしています。

さようなら、「ロンサム・ジョージ」

一九七一年、ピンタ島でひょっこり一頭のオスのゾウガメが発見されました。当時既にピンタ島ではゾウガメは絶滅したと思われていたので、彼の遺伝子は大変に貴重なものとして、急いでチャールズ・ダーウィン研究所に運ばれました。名前を「ロンサム・ジョージ（ひとりぼっちのジョージ）」と名付けられ、ピンタ島に近いイザベラ島出身のメス二頭と二十年にわたり同居しましたが、なかなかジョージのこどもは生まれませんでした。その後最新の遺伝子研究でジョージの近縁はエスパニョーラ島のゾウガメだということが判明し、同島のメス二頭と同居することになりましたが、二〇一二年六月、ついに子孫を残すことなく惜しまれながらジョージはこの世を去りました。その瞬間をもってピンタゾウガメは絶滅を迎えたのです。

ジョージがデザインされたエクアドルの切手

チャールズ・ダーウィン研究所

“小さな森の忍者”カメレオン

カメレオンは現在約 200 種が存在します。ギリシア語の “*khamai*（小さな）” と “*leon*（ライオン）” を合わせたネーミングで、頭部周辺の発達した形状がライオンに見立てられたと考えられています。中国では姿を消せる幻獣「避役《ビーイー》」にも喩《たと》えられ、欧州では枝の上でじっと動かずに目だけを動かして静かに周りを観察するところから賢者のシンボルともされてきました。カメレオンは温度・湿度管理や生き餌が欠かせないなど、どの種についても飼育が容易ではないことでも有名です。iZoo では現在 10 種類のカメレオンを飼育していますが、緑豊かな放飼場《ほうしじょう》で暮らすカメレオンたちはまるで忍者のように擬態《ぎたい》しています。読者の皆さんは果たして何種類のカメレオンを見つけられるでしょうか。

エボシカメレオン
Veiled Chameleon
Chamaeleo calyptratus

イエメン固有種の最大 60cm を超える大型種です。高地で湿度の高い森林に生息し、種小名 *calyptratus* は「帽子をかぶった」の意。

デレマカメレオン
Wavy Chameleon
Chamaeleo deremensis

タンザニアに分布しているがっしりとしたカメレオンで、オスには 3 本の角が生えています。

ワーナーカメレオン
Werner's Chameleon
Chamaeleo werneri

タンザニアの一部にだけ生息する種。標高 1500m 以上の地域で暮らす、いわゆる山岳系カメレオンです。

フィッシャーカメレオン
Fischer's Chameleon
Kinyongia fischeri

ケニアやタンザニアの高地森林地帯に生息。6亜種に分類され、繁殖期になるとオス同士は角を突き合わせて争います。

メラーカメレオン
Meller's Chamaeleon
Trioceros melleri

アフリカ大陸内に分布するカメレオンとしては最大種。主に10m以上の樹冠部で生息しています。一本角がチャーミング。

ディレピスカメレオン
Flap-necked Chameleon
Chamaeleo dilepis

南アフリカの開けた森林などに暮らしていますが、分布域が広く6亜種に分けられます。敵が近づくと後頭葉とのどを広げて威嚇する種も。

ジャクソンカメレオン
Jackson's Chameleon
Trioceros jacksonii

ケニア、タンザニアなどが原産ながら、ハワイで野生化した個体も。サンディエゴ動物園でのみ繁殖成功事例があります。

カメレオンの舌

自分の体長の約二倍の長さを誇る舌のスピードは時速三十km近くにも達すると言われています。

パンサーカメレオン
Panther Chameleon
Furcifer pardalis

マダガスカルなどに生息する最大全長50cmを超える大型カメレオンです。種小名*pardalis*は「ヒョウ」の意で、和名や英名と同義。

ルディスカメレオン
Mountain Dwarf Chameleon
Chamaeleo rudis

アフリカ中部で高地の茂みに生息する、小型のカメレオン。カメレオンには珍しく胎生でこどもを産みます。

コノハカメレオン
Pygmy Chameleon
Rhampholeon

全長6cmほどの小型カメレオン。カメレオンの一般的なイメージにあるような派手な体色変化はなく、尻尾がきわめて短いのも特徴的です。

キト動物園

Zoológico de Quito

ガラパゴス諸島の名前は知っていても、それがどこにあるかご存知のかたは意外と多くないもので。そう、ここエクアドル（スペイン語で“赤道”の意味）は海にガラパゴス諸島を擁《よう》し、大陸側では南北にアンデス山脈が貫くまさに自然の宝庫。そんな国の首都にある動物園、行ってみて損はありませんよ。

キト動物園

営業時間：9:00～16:00
（火曜～金曜は8:00～。月曜休）
所在地：Huertos Familiares S/N, Guayllabamba, Ecuador. Casilla postal. 17-17-349

南米はエクアドルの首都キトは、その旧市街地が世界遺産として登録される赤道直下の街としても有名ですが、標高は約三千mの高地にあり一年を通じて涼しい環境。そんな高山の中腹にある園内には、地元エクアドルが誇る南米産のどうぶつたちがたくさん。ほとんどの展示個体は野生下で怪我をしたり病気になったりしたものが保護されてやってきたものばかり。丁寧でよくデザインされた解説板と様々な参加型教育プログラムからは、地元の市民たちに南米の自然環境と動物相の特別さを改めて理解してもらおうという意気込みが感じられます。南米諸国では〝神の化身《けしん》〟と崇《あが》められているアンデスコンドルが一番人気の展示で、同園は南米各国が連携するコンドルの野生復帰プロジェクトにも精力的に参加協力しています。同じくエクアドルのほこるガラパゴス諸島由来のゾウガメたちも、かつては個人がペットとして飼育していたような個体たちが数多く引き取られ、園内で元気に暮らしています。

虹の森公園 おさかな館

Animal info

和金
Common Goldfish
Carassius auratus auratus

室町時代、和金原種として中国より渡来した日本金魚文化の原点種。野性味溢れる精悍なフォルムと俊敏な泳ぎは力強く、生命力と繁殖力に溢れる丈夫な品種。祖先であるフナに最も近い種であり飼育もしやすい。

夏の風物詩、「金魚すくい」。夜祭りの露店で誰もが一度は経験したことがあるでしょう。このおなじみの金魚は「和金」という名前で、国内のあらゆる品種の起源となっている、文字通りとってもスタンダードな金魚。非常に丈夫な品種で、しかも十年以上の長生きというのですから、飼育も繁殖も、最もしやすいと言って過言ではありません。金魚には他にも、目が突出した「出目金」、肉瘤《にくりゅう》のある「らんちゅう」、琉球から伝わってきたとされる「琉金」などたくさんありますが、他でもない日本の金魚文化の原点として「和金」と名付けられたのがこの種なのです。金魚すくいの金魚たちは、つかまらないよう水槽の中で逃げ回っているため弱っていることが多く、自宅に持ち帰ってもうまく育てられないという声も多く聞かれます。しかし、水質など適切な管理をしてあげると、体長が三十センチを超えるような豪快な大きさに育つことも珍しくありません。

「金魚は日本人にとってあまりに身近な魚でありすぎて、かえって意外と知られていないことが多いんです」とは、ここ虹の森公園おさかな館の館長、津村英志《つむらえいじ》さん。

津村さんはプライベートでも金魚の飼育繁殖を趣味としておられ、数多くの品評会で賞を獲得されるスペシャリスト中のスペシャリスト。ご自宅は見事な金魚飼育繁殖基地で、ご自身が手ずから育てた金魚たちは皇室にも献上されるほどの立派な個体ばかり。それを水族館の展示用に提供しておられるのですからその見応えは言わずもがな、日本一の金魚水族館と呼ばれる所以《ゆえん》です。

生物学的に言うと実は、金魚は「フナの変異種」。それも、昨今、中国の「ヂイ」というフナの一種であることが科学的に解明されました。いまから千七百年以上前に、中国で誕生し、五百年ほど前、日本の室町時代に大阪は堺の港へ伝来してきた金魚。時代を経ながら徐々に日本の各地に伝播《でんぱ》し、それぞれの地域で観賞魚として「美的進化」を遂《と》げてきました。その形や模様の多様性は、古くからいきものの美しさを大切にしようとしてきた日本人の心意気そのものです。「金魚は変わる」という津村さんの言葉通り、時代の流れや見る人の嗜好《しこう》の変動も相まって、理想とされる金魚のハードルは上がってゆきます。それでも常に最高の表現を求め続ける金魚の世界は、まだまだ奥深く底が見えないのです。

同館ではそんな、古来より日本人を虜《とりこ》にしてきたたくさんの金魚たちが一堂に会しています。愛媛が、日本が、世界に誇る金魚コレクションを心ゆくまで味わってみませんか。毎年夏には、和金だけではなく一匹数万円とも言われる希少な金魚たちを使った金魚すくいをするイベントも開催されています。一攫千金！のつもりでおいでになった読者が、いつの間にやら金魚の虜になっている姿も想像に難《かた》くありません。ようこそ、ディープな金魚ワールドへ。

虹の森公園おさかな館

営業時間：10:00〜17:00
水曜休（祝日、春休み、GW、夏休み、冬休みは営業）。
アクセス：JR松丸駅下車　徒歩3分
所 在 地：〒798-2102 愛媛県北宇和郡松野町延野々1510-1

金魚の美的進化

日本人がかようにたようで美しく進化させた金魚たちの世界は、金魚鉢とは比べものにならないほどまだまだ広く奥深い迷宮のようです。見目麗《うるわ》しくも珍しい種類の金魚や、意外と知られていない金魚たちの基礎知識などなど、たくさんありますが、ここではそのほんの一部をご紹介。美的進化のラビリンスにご入場いただくためのほんの入場券代わりと思って、気軽にお楽しみください。

かの有名な「金魚のふん」

付き従って離れないひとや、長く連なるもののことを「金魚のふん」に例えることがよくあります。実際、金魚のふんはお尻から長くぶら下がっています（本人は気にせず泳いでいるようですが）。こんな長いふんが出るのは、それだけ腸が長いから。ただし、食べているエサの内容や、体調によっても様子は違ってきます。金魚のふんは、体調チェックのためのバロメータでもあるのです。

琉金
Ryukin

約300年前に中国から琉球に伝わり現在に至るといわれている品種で、琉球を経たことで琉金の名がつきました。和金の突然変異から固定され、体高が高くて体長が短く、全体的に丸っこい印象。独特の体形から人気が高い金魚ですが泳ぎはあまり得意ではありません。

黒出目金
Black-Demekin

日本では出目金と言えばこの漆黒の色合いが想起されますよね。1893年に出現した本種は、黒色の金魚としては歴史が最も古いのですから無理もありません。赤出目金が出現したのは1592年なので、この300年の間にどのような経緯でここまで黒く進化したのかは謎なのです。

和唐内
Watonai

「和（日本）にも唐（中国）にも無い」という意味。実は、近松門左《ちかまつもんざ》衛門《えもん》による江戸時代の名作人形浄瑠璃『国性爺合戦』の主人公としても知られる鄭成功《ていせいこう》の和名、「和藤内」がオリジナルです。鄭成功は中国人を父に、日本人を母にもつことから、作者門左衛門がシャレを利かせて上述のような意味を込めた和名をつけました。本種は、和金と琉金の交配によって作出されたもの。和金の細長いボディと、琉金の長いひれを併せ持つため「和琉」とも呼ばれる。長年絶滅とされてきましたが、昨今復元されてきています。

青文魚
Lionhead-Blue

全身が青みがかった青灰色をした品種で、別名「ブルーオランダ」。作出経緯に関しては黒出目金とオランダ獅子頭の交配とも、オランダの突然変異とも言われています。日本には1958年頃はじめて輸入され「青い金魚」ということで一躍注目を浴びました。

金魚の冬眠

金魚はいわゆる変温動物。つまり寒くなると体温が下がり代謝《たいしゃ》も落ち、エサを食べなくなります。池の底でじっと寒さに耐え春を待つ、これが金魚の冬眠です。金魚は冬のこの寒さを経験しなければ、春に卵を産みません。冬眠中の金魚に対しては水温を一定にキープしてストレスを小さく、体力を維持してやることが最重要。なお、金魚には瞼《まぶた》がないので寝ているときも眼は閉じません。

ピンポンパール
Ping-Pong Pearl

その丸っこい愛嬌《あいきょう》のある体つきと、ネーミングの分かりやすさで人気沸騰中。日本にはじめて入ってきたのは1980年代で、ベースとなった種の「パールスケール（真珠鱗）」から、より丸く尾の短いものが安定化されてきました。成長すると、なんとソフトボールくらいの大きさくらいにまで育ちます。

金魚すくいの極意、おしえます

その一：「金魚に狙いをさだめる」
金魚をうしろから追うと逃げられるので、前から近付くポイ（金魚をすくう道具）に戸惑って逃げ後れる金魚を狙うとよいでしょう。逃げる方向や範囲が限られる、水槽の端のほうにいる金魚をしっかりと見極めて。また、一旦逃げられた金魚を深追いしない潔《いさぎよ》さも肝要です。

その二：「ポイを自在に使いこなす」
ポイを水中で動かすときは、紙に抵抗がかからないよう、水面と平行に移動させるのが基本。水に入れるときも、斜めもしくは水面に垂直に静かに枠から入れる、一匹目をすくうのに表を使ったら二匹目には裏を使う、ポイの真ん中に金魚を乗せない、などもポイを長持ちさせるコツです。

その三：「金魚をやさしく迅速にすくい上げる」
狙った金魚をポイに乗せても、真上にすくい上げるのではなく、ポイをわずかに斜めにして、水をうまく流し抜きながら金魚だけを素早くお椀に移しましょう。すくった金魚を入れるお椀は、金魚が暴れてポイを破かれたり、逃げられたりしないよう、常にポイの近くに持っておくことも忘れずに。

水泡眼
Bubble-Eye

中国金魚の最高傑作。英名は「バブルアイ」で、宮廷などの支配層のみが飼育を許された門外不出、まさに幻の金魚。左右の眼下にできる水泡は角膜が膨《ふく》らんだもので、中にはリンパ液が充満しています。孵化《ふか》して30日頃には既にこの特徴がみられます。1958年頃に日本へ輸入された当時は蛙目と呼ばれ不人気でした。

金魚が生まれてから死ぬまで

愛知県弥富町、奈良県大和郡山市、東京都江戸川区は、日本の三大金魚の故郷といわれています。全国には上記以外にもいくつかの産地があり、産地以外にも養魚場はあります。養魚場では、産卵から飼育まですべてをまかないます。まずは、親を選んで産卵させ、卵を管理。孵化した稚魚を選別することを繰り返して、成長の各段階で出荷するのです。金魚の卵は一匹あたり一万個ほど。これを孵化させ、そのまま大きく育てる個体を選別するのは大変な作業で、もっとも養魚場のセンスが問われるところです。一方、金魚の寿命は一般的に十年程度と言われる中、イギリスで飼育された“Tish”という個体は四十三歳という長寿を全うし、ギネスに認定されました。非公式にはもっと生きた金魚もいるそうです。

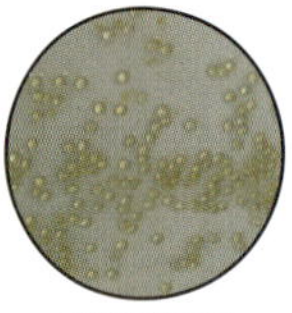

金魚のたまご

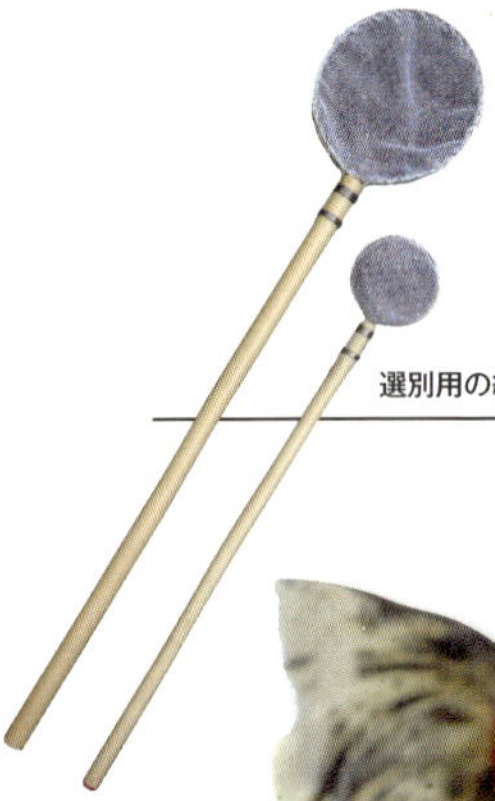

選別用の網

ブリストル朱文金
Bristol

金魚と言えば日本や中国で改良されてきた種ばかりと思われがちな中、英国で長い年月をかけて改良されてきた種も存在します。それが、ハート型の尾びれを持つ、新しい魅力を提案した本種。朱文金自体は、日本で1902年に発表されましたが、その後アメリカ経由で英国に渡り、1929年に誕生を迎えました。

玉黄金
Tama-Kogane

埼玉県にて作出された比較的新しい種で、2010年頃から市場で流通。中国産のイエローコメットからの選別で作られており黄金色の体色と、玉サバに似た丸い体形が特徴。当初はその美しく輝く体色から「黄金だるま」とも呼ばれていました。ちなみに命名はアクアマリンふくしまの金魚担当安田飼育係です。

鉄魚
Iron Fish

宮城県魚取沼で1922年に発見されたひれの長いフナ。1933年、魚取沼一帯が鉄魚生息地として国の天然記念物に指定され、金魚の原種ではないかと話題になったこともあります。昭和天皇が飼育されていた鉄魚についても調査研究がおこなわれ、これは琉金とフナの交雑種であると結論づけられています。

金魚の視力

金魚の視力は、人間でいうと〇・一くらいの近視。一mほどの範囲でぼんやり、三十㎝くらいならハッキリ見えています。いわゆる魚眼レンズのために、前後左右、そして上下も含め広範囲に見えているので、エサを探したり外敵を認識したりするにはじゅうぶんです。ただ、水泡眼や頂天眼などの種は、眼が上を向いているので見にくいようで、エサを食べるのも遅いです。

金魚の嗅覚と聴覚

口の上にあるのが金魚の鼻の穴。左右に一対、全部で四つ。これは呼吸のためにあるのではなく、匂いを感じるための専用の器官です。なんとイヌ並みの嗅覚があるといわれています。ただし、金魚に外耳はなく、耳の位置は見た目にはわかりません。音を聞き取りやすいのは百〜千ヘルツで、人間でいうと中年以降のひとくらいの聴力です。

パンダ蝶尾
Panda Butterfly-Tail

中国で改良され1980年頃から日本に頻繁に輸入されるようになった種です。本種の最大の特徴は、この金魚を上から見たときに蝶が羽を開いたように見える「蝶尾」なる尾びれの形状にあります。数ある蝶尾のカラーバリエーションの中でも特に人気が高いのが本種です。

「金魚づくし」

江戸時代後期に活躍した浮世絵師、歌川国芳《うたがわくによし》の代表作のひとつ。この頃から、金魚が庶民の間でも広く飼育されるようになり日頃かわいがっているペットの金魚たちを描いた浮世絵に、当時の江戸っ子たちは大喜びしたでしょう。身近なペットであった金魚と身近な娯楽であった浮世絵、これをミックスさせた当世　流のポップアートはさすが国芳の本領発揮です。

銀魚
Silver Fish

「金魚がいるのだから銀魚もいるのでは」と思われた読者は大正解。中国原産で1960年頃に日本に入ってきたのが本種で、背びれのないらんちゅうに近い体形です。ひれは長いものも短いものも淘汰《とうた》されずに流通しており、おそらく他の品種と交配されることなく今日に至っているであろう点からも貴重な種です。

コメット
Comet

長い尾をなびかせながら、俊敏に泳ぐ姿はまさに「彗星《すいせい》（コメット）」。アメリカはワシントンで日本から輸入された琉金の変異個体が発見されたのが本種の起源です。琉金が原種とは思えないほど細い体形と長いフナ尾は、庄内金魚にも似ています。近年は鮮やかな黄色をした「レモンコメット」なども。

金魚の種類

金魚には色、形、様々な種類があり、中でもその形質が親から子へとしっかり受け継がれるものを品種と定義するならば、現在の日本には百以上が確実に存在・流通しています。日々、国内外で新しい品種が作出されているので増えてゆく一方、人気のない品種は生産も減るので、お目にかかる機会は減ってゆきます。

ここでは、尾びれの形状から、金魚の種類についてみてみましょう。例えば、和金の元祖はフナだからと思って尾ビレをみると、最近の和金は尾の形が三つ葉のような形になっていることもしばしば。これを「三ツ尾」といい、真ん中が分かれて四つになっているものを「四ツ尾」、三ツ尾の先が少し割れたものを「サクラ尾」といったりします。元来のフナの形から少しでも離れた形が好まれる金魚の世界では、一時期もっともオーソドックスな二股の「フナ尾」が姿を消したこともあったとか。

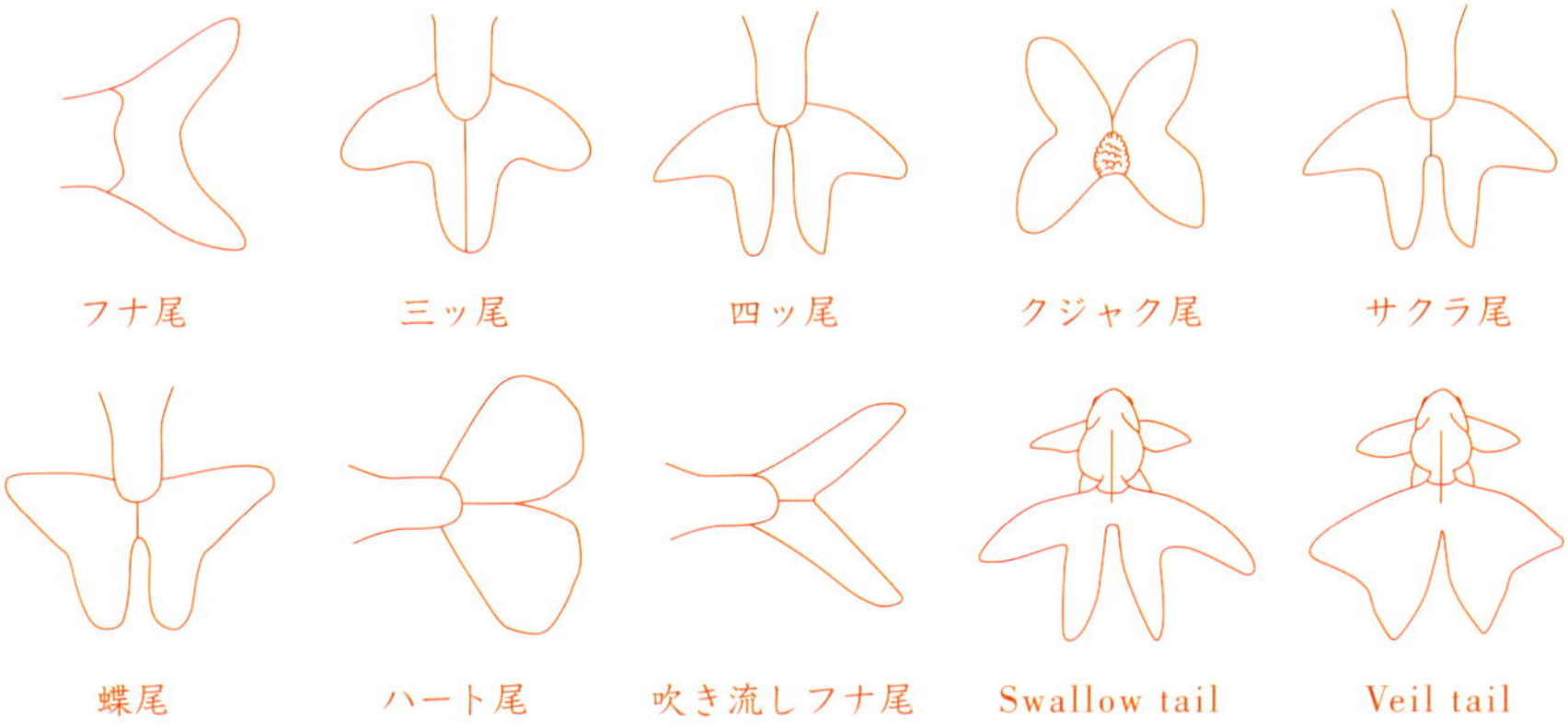

金魚の進化

金魚はフナの野生種から自然的な変異と人為的な交雑・淘汰を繰り返してあくまで人の愛《め》でる対象として今日みられる多くの品種を固定化して生産飼育されてきました。金魚がフナから変化したということについては、純系分離飼育でフナに先祖返りをすることでも知られています。

金魚の性別

どんなどうぶつも、素人には一見してオスとメスを見分けるのが難しいもの。金魚の場合は、どうでしょうか。一般的には生殖孔の形状で見分けるという方法がよく紹介されているようですが、金魚のベテランでもなかなか難しいそうです。しかし、時期を踏まえるとより簡単な見分け方がありますのでご参考まで。

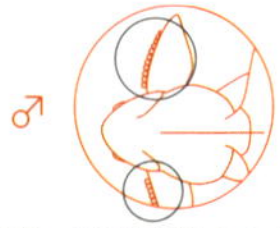

卵期、発情を迎えると前ひれの先頭部に白い粒々状の追い星がみられるようになります。

冬場に、卵を抱くためおなかが脹《ふく》れています。また、その頃の生殖孔は明らかに突出しています。

金魚の色、いろいろ

素赤《すあか》・更紗《さらさ》・キャリコ・猩猩《しょうじょう》・鹿の子・パンダ・桜色・羽衣・面かぶり・本国錦など、金魚の体色にはたくさんの種類がありますが、金魚は生まれつき赤い色をしているのではありません。金魚の体色は、黒、赤、黄、白、虹色の五つの色素細胞の組み合わせによって決まるといわれています。稚魚の時代は黒と黄色の細胞で、いわゆる地味なフナと同じ色（A）。ここからなんと一旦真っ黒になるのです（B）。そこから黒の色素細胞が破壊され体外に排出されて色が抜けてゆく「退色」がはじまり、赤い色素細胞が沈着することで体色が赤く見えるようになります（C）。

金魚の色は、基本的に赤と白で、一部の品種を除いて配色にはこだわりません。ただし、島根の出雲《いずも》南京や、名古屋の地金は、配色も品種の対象になっていて人工的に色を整えます。また、金魚の中で唯一配色のみにこだわって作られたのが大阪らんちゅうです。

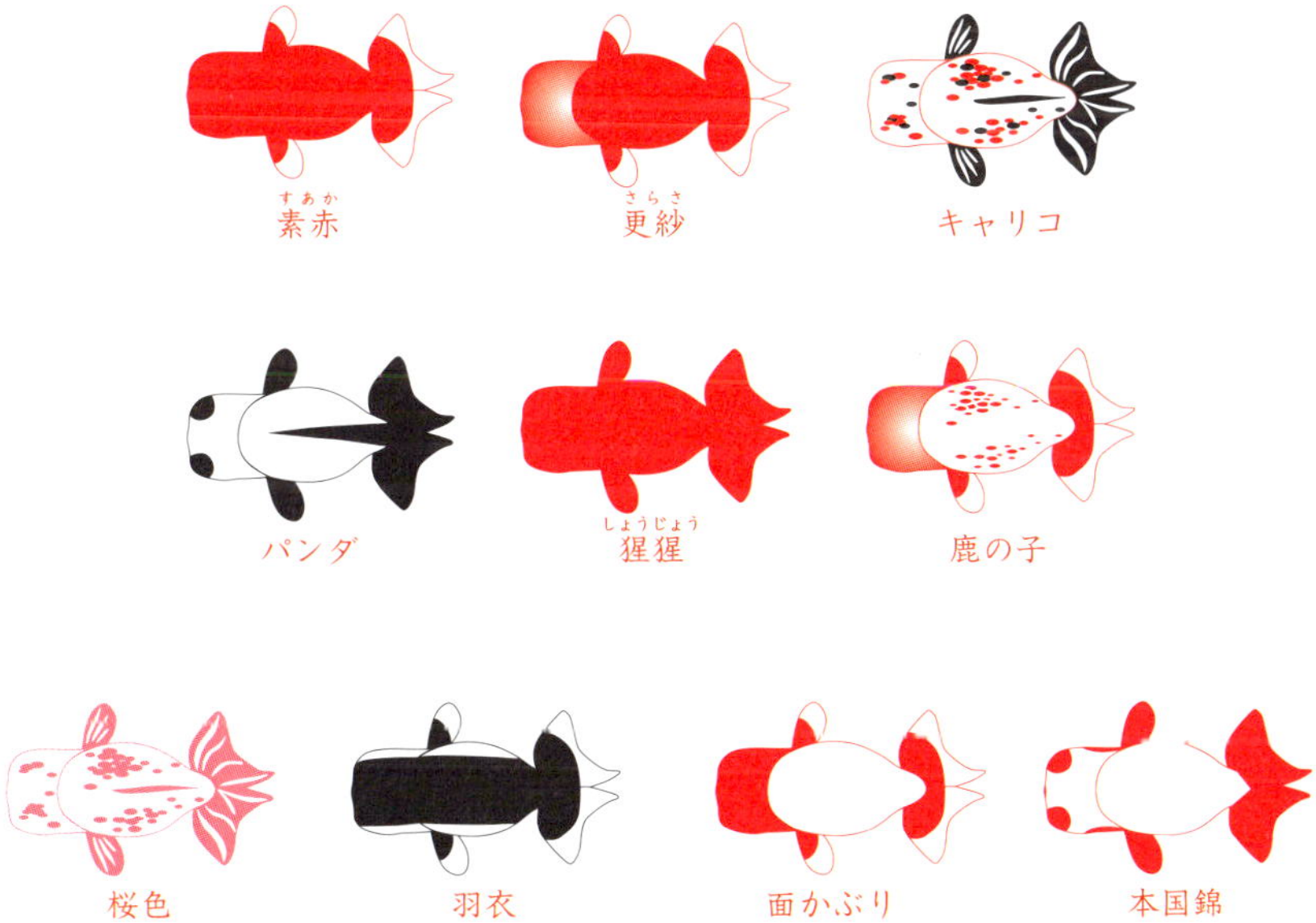

日本の地金魚図鑑

金魚が伝来してから500年以上が経ちました。その長い年月の中で様々な改良が加えられ、いくつもの品種が生まれてきたのです。金魚は地域やそこに住む人間との結びつきが強く、日本固有の金魚文化を作り上げてきたと言えるでしょう。ここでは、そんな日本全国各地それぞれに特徴のある金魚たちを比較しながらじっくりと鑑賞してみて下さい。

1 青森 津軽錦 Tsugaru-Nishiki

1770年頃から青森県津軽地方で飼育されてきた地金魚で当時は武士だけが飼うことを許されていました。昭和2年に津軽錦と命名された本種は、第二次世界大戦中に絶滅してしまったものの、昭和34年からランちゅうと東錦などとの累代交配で15代目にして復元されました。「金魚ねぶた」のモデル。

2 山形 庄内金魚 Shonai

和金とオランダ獅子頭の交配により大正12年に作出され、同15年に生産地にあやかって命名。長手（体長が長いこと）のボディにすらりと伸びるフナ尾が美しく、清楚な印象を受ける品種です。北国が生産地ということもあり、寒さに強く丈夫な種。尾が白く、体の上半分が赤いものが好まれます。

3 新潟 玉サバ Tama-Saba

新潟県の山古志《やまこし》地方で錦鯉の生産者によって累代繁殖されている品種で、錦鯉と一緒に泳げることでも有名。フナ尾の長いタイプの「サバ尾」と呼ばれる金魚が本種のルーツです。紅白の更紗模様を理想とする中で、透明鱗性のものは「玉錦」と呼ばれます。大きく育つタイプで30㎝を超える個体も。

4 東京 関東型東錦 Azumanishiki-East

昭和の初めに作出された種。「頭は赤、体は浅葱《あさぎ》、尾は蛇の目」という本種の理想体色を表す言葉が浸透したことで、その難易度の高さが災いして一時期ほどの人気がなくなってしまいました。現在ではこの種を品評する愛好会はごくわずかながら、奥深さを追究するファンには根強い人気を誇る種です。

5 愛知 地金・六鱗 Jikin & Rokurin

その歴史を1610年頃にまで遡《さかのぼ》る愛知県の天然記念物。シャチホコを連想させ“シャチ”とも呼ばれます。プラチナのように白く輝く体に対して、緋色の各ひれが特徴で、人工的に鱗を剥《は》がして白い体色に仕上げる「調色」も有名。名古屋市の地金に対して、同県岡崎市を中心に普及したのが六鱗です。

6 大阪 大阪らんちゅう Osaka-Ranchu

古くから大阪を中心に飼育されていた種ですが、大正時代に東京を中心とした獅子頭タイプの金魚が流行したことで、第二次世界大戦中に絶滅。戦後、その復元が試みられてきました。頭部には小さな花房が存在することなどが特徴で「楊貴妃」「織姫」「緋ノ兜」「源平錦」「鳳凰錦」など、24の斑名があります。

時代	金魚の歴史
室町・安土桃山 1336～1603	１５０２年 中国から大坂堺に和金が伝来した
江戸 1603～1868	１６１０年頃 地金が名古屋で飼育され始める １７００年頃 琉球を経て薩摩に琉金が伝来した １７５０年頃 上方で大阪らんちゅう、松江藩で出雲南京が飼育される １８００年頃 中国からオランダ獅子頭が伝来した １８００年頃 津軽藩内で津軽錦が広く飼育される １８４５年 土佐藩で土佐錦魚の改良が始まった １８６２年 浪速錦魚大会の大阪らんちゅう品評会 幕末のころ獅子頭らんちゅうが登場する
明治 1868～1912	
大正 1912～1926	１９１８年 山形県庄内地方で、庄内金魚が作出された
昭和 1926～1989	１９２８年 熊本県長洲町でジャンボオランダ獅子頭が作出された 昭和初期にタマサバが越後地方で作出された １９５５年頃 宇野式らんちゅうの飼育が始まる

8 高知 土佐錦魚 Tosa

大阪らんちゅうと琉金の交配によって得られたとされる品種。土佐を中心に飼育されてきたことから“トリキン”と呼ばれるようになった高知県の天然記念物。琉金に似た体型ながら、尾の形が大きく異なり、上見からの姿が非常に美しい金魚です。戦災に遭いながら生き残った6匹から復活したことでも有名。

7 愛媛・香川 四国オランダ獅子頭 Lionhead-Shikoku

頭部に肉瘤が発達した琉金の突然変異個体を固定化したのが「オランダ獅子頭」。1789年頃に中国から琉球を経て長崎に渡来した金魚です。“オランダ”とは、そもそも海外から移入された舶来モノの総称で、頭部の肉瘤の発達を獅子に例えたことが名前の由来。四国、特に愛媛香川で愛好、飼育されています。

10 熊本 ジャンボオランダ獅子頭 Lionhead-Jumbo

大正末期に熊本県長洲町で原種となるオランダ獅子頭の交配を繰り返して固定化されたのが本種。長手同士を掛け合わせることで他の生産地のものよりも、より大型化させることに成功した。大きなものだと50cm以上にまで成長するといわれます。基本的な体形はオランダ獅子頭とほぼ同じながら、肉瘤の迫力はさすが。

9 島根 出雲南京 Izumo-Nankin

1750年頃に出雲地方で改良された品種。愛知の地金・六鱗、高知の土佐錦魚と並び日本の三大地金魚とされ、非常に大型です。昭和57年には島根県の天然記念物に指定。「生まれ三分、飼い七分」と言われるほど飼育によって出来が変わるとされている上級者向けの金魚。基調の白に背の赤い斑紋が何とも印象的。

釧路市動物園

Animal info

シマフクロウ
Blakistoni's Fish Owl
Ketupa blakistoni

種小名"*blakistoni*"は、津軽海峡における動物学的分布境界線を指摘したイングランド出身の博物学者トーマス・ブラキストンへの献名。英名も同様。中国の北東部や朝鮮半島にも亜種が存在。国の天然記念物。

初めてシマフクロウに会うと、まずその大きさに驚かされます。全長約七十㎝、翼を広げると約百八十㎝。フクロウの仲間では世界で最も大きい、堂々とした体です。日中は樹の上でじっとして、羽毛だけを静かに風になびかせていますが、私たちが近づくと首を動かしてこちらを見ます。らんらんと光る眼に、北海道の雄大な自然が宿っているようです。

　シマフクロウは、北海道とその周辺の島にすむフクロウです。昔は北海道各地にいましたが、今では森や川が失われ、道東の知床《しれとこ》や十勝《とかち》などに約百四十羽が残るのみ。そこで、釧路《くしろ》市動物園ではシマフクロウを守るため、一九七五年から五羽のシマフクロウの飼育をスタートしました。

　謎に包まれたシマフクロウの飼育は、飼育係の志村良治《しむらりょうじ》さんにとって苦労の連続でした。繁殖させようとしてもうまくいかず「夜行性の鳥なのだから、夜に見ないとわからない」と、閉園後のケージの前にテントを張り、こたつとコーヒーを用意して、赤色灯でシマフクロウの行動を観察したそうです。すると、昼間は動かないシマフクロウたちが、さかんに飛び回り始めました。相性が悪いペアはお互い避けるようなそぶりを見せ、相性のいいペアは、オスが「ボ、ボッ」と鳴くと、メスが「ウー」と応えます。ボ、ボッ、ウー。ボ、ボッ、ウー。闇に響く鳴き交わしや行動を観察し、ペアの入れ替えなど工夫をした結果、一九九五年、巣に付けたマイクに「ピィピィ」とヒナの声が聴こえました。飼育を始めてから二十年、世界初となる動物園でのシマフクロウの誕生でした。

　その後、そのヒナの子どもの三世もふ化し、保護された個体も加わって二〇一六年時点では十五羽が飼育されています。かつては日本で唯一、シマフクロウが見られる動物園でしたが、二〇一二年に札幌の円《まる》山《やま》動物園と旭山動物園に一羽ずつ移動しました。シマフクロウを安全に飼育し、より多くの人に知ってもらうには、そのほうがいいからです。

　北海道の豊かな自然の象徴として、大切に育てられてきた釧路市動物園のシマフクロウ。漢字で書くと「島梟」、島とはもちろん北海道を意味しています。冬にも凍らない豊かな川沿いの森を住処《すみか》とし、時にサケなどの魚を食べ残して置いていってくれることからアイヌの人々には〝コタン・コロ・カムイ（村を護る最高神）〟とも呼ばれ崇拝されてきました。人々のこころの清らかさを見極めながら、魔物を追い払い、その地に富と平和をもたらしてくれると言われているそうです。シマフクロウの、その全てを見通すかのような眼に見つめられると邪心などどこかへと消え失せてしまいそうな気持ちになります。北の大地の誇る神の鳥に、会いにきてみませんか。

釧路市動物園

営業時間：10:00～15:30（4/10～体育の日は9:30～16:30）
入園は閉園30分前まで。年末年始休。12～2月の水曜休（祝日開園）。
アクセス：JR釧路駅から車で27分
所 在 地：〒085-0201　北海道釧路市阿寒町下仁々志別11

“北の大地の守り神”シマフクロウ

かつては北海道全域に生息していたシマフクロウは、多くの開発が進む中で生息地が失われ絶滅に瀕しています。本来、生態系の頂点にいるはずのシマフクロウですが最近は外来種であるアライグマなどが天敵となってその生活を脅かしています。今こそ私たち人間が、“守り神”たるシマフクロウたちのことを敬い大切にしてゆく努力が求められているのです。

シマフクロウの人工ふ化

一九九八年には人工ふ化にも成功。シマフクロウは通常、二つ卵をうみます。これは多くの猛禽類《もうきんるい》などでも見られる生態で、子孫を残すためのどうぶつたちによる自然のリスクヘッジ。しかし、親鳥に任せるままでは二羽が無事に育つとは限らないので、そのうち一つを人の手で安全に育てることで貴重なヒナを増やすことができます。

巣立ちした頃のヒナ。

飼育係からピンセットでえさをもらうヒナ。

※釧路市動物園では、現在15羽のシマフクロウのうち一部を公開し、残りは初代園長・渡邊徳介氏の資金提供で製作された非公開の繁殖ケージなどで飼育しています。

くちばし

短く、曲がったくちばし。丸飲みにできない大きな獲物は、くちばしでちぎって食べます。英語では"Fish Owl"と呼ばれ、魚が主食です。

目

暗闇でもよく見える目。多くの鳥類と違い、目が顔の正面にあるので、立体的に見ることができます。眼球は動かせないので、首を回転させて見ます。

はね

翼の内側には、綿のような羽がびっしり生えています。保温効果が高いので、北海道の寒い冬でも生きていけます。

つめ

獲物を捕らえる、するどいツメ。夜、川岸の樹で待ち伏せをし、魚が泳いできたら足から飛び込んで捕らえます。

とぶ

小型のフクロウと違い、羽音は無音ではありません。広げると2m にもなろうという大きな羽でバサバサと音を立てながら飛びます。

つがい

単独か、つがいで行動します。寿命は30年程度ですが、釧路市動物園では32 歳で卵をうみ、42 歳まで生きたメスもいます。

飾り羽

耳のように見えるのは、実は飾り羽。警戒するとピンと立てます。本当の耳は目の横の切れ込みが入ったところにあり、するどい聴覚を持っています。

「ふくろうの森」を歩いてみよう！

釧路市動物園の「ふくろうの森」には、地元北海道に生息するフクロウのうちから５種が集まっています。夜行性のフクロウたちがすむ森を訪ねてみましょう。

ふくろうの森

森のようなトンネル型の通路を歩きながら、フクロウたちを観察できる「ふくろうの森」。春には花々が美しい、北海道東部のどうぶつたちと自然が見られる「北海道ゾーン」の一画にあります。

コミミズク
Short-eared Owl

全長約38cm。アフリカ大陸、南北アメリカ大陸、ユーラシア大陸などに広く分布。北海道には冬に飛来します。日中にも狩りをするので、北海道でも羽ばたきながら空中に停止し、狩りをする姿を見かけることがあります。釧路市動物園では春になると類人猿舎内でコミミズクのフライト実演をお見せしています。（GW 頃まで）

ワシミミズク
Eurasian Eagle Owl

全長約65cm。ヨーロッパ、アジアの森林に分布し、地域によっていくつものグループ（亜種）に分かれます。北海道で見られるのは迷鳥だと思われていましたが、道内での繁殖が確認され、環境省が定める「種の保存法」の緊急指定種になりました。Bubo Bubo（ブボ・ブボ）という学名は鳴き声に由来。

まだまだいるよ！北海道のフクロウたち

北海道では日本で見られる十二種のフクロウのうち、十種が観察されています。夜行性なのでなかなか気がつきませんが、普段、何気なく通り過ぎている街や雑木林にも、ひそんでいるかもしれません。他のフクロウと比べると、世界最大のフクロウ、シマフクロウの大きさがよく分かります。見比べてみましょう。

アオバズク

キンメフクロウ

トラフズク

コノハズク

シロフクロウ（♂）
Snowy Owl

シロフクロウ（♀）
Snowy Owl

全長約60cm。夏でも氷点下になる北極圏のツンドラ地帯で繁殖しているため、つま先まであたたかい羽毛に覆われています。メスのほうが少し体が大きく、黒い縞模様があり、オスは北極圏の雪と氷の景色と同化する真っ白な体をしています。冬には亜寒帯まで南下し、日本でも北海道で見られることがあります。

フクロウとミミズクってどう違うの？

フクロウの仲間のうち、耳のような飾り羽（耳羽／羽角）が発達しているものを一般的にミミズクと呼びます。ただし、シマフクロウは耳羽が発達していてもフクロウといい、アオバズクには耳羽がありません。

エゾフクロウ
Ural Owl

全長約50cm。平らな顔は、夜の狩りでネズミなどの獲物の動きを察知する集音器の役割をします。耳は目の横にあります。本州にいるフクロウの亜種で、「ゴロスケホーホー」の鳴き声でも知られています。アイヌの人たちの間では「クンネレクカムイ（暗闇に鳴く神）」と呼ばれていました。

オオコノハズク
Sunda Scops Owl

全長約24cm。ロシア、中国、東南アジアの森に分布し、北海道には夏に飛来します。体が樹皮のような模様で、目を閉じてじっとしているとまるで樹の一部。コノハズクの仲間はフクロウとしては小さく、見つからないように隠れていますが、威嚇するときには羽を逆立たせ3倍くらいの大きさに見せたりもします。

クマタカの繁殖

東南アジアや日本に分布し、北海道でも見られるクマタカ。現在、日本国内では約二千羽しか生息していないと推測される絶滅危惧種です。釧路市動物園では、シマフクロウを世界で初めてふ化させた経験をいかし、動物園で世界初となるクマタカの繁殖にも成功しています。冬季限定のフライトガイドもお見逃しなく！

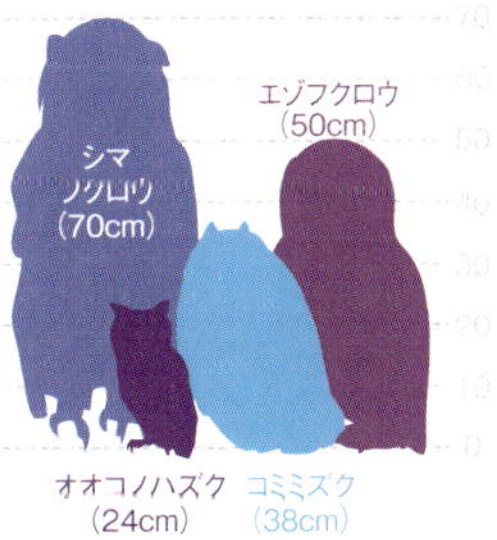

他のフクロウと比べると、世界最大のフクロウ、シマフクロウの大きさがよく分かります。見比べてみましょう。

❄ 雪の動物園 ❄

この時期だけの美しい白銀世界。冷たく澄んだ空気に包まれて、どうぶつたちがいきいきと動き始めます。真っ白な雪の動物園で、ひと味違った楽しみ方ができるのも北海道ならでは。地元北海道はもちろん、世界中の寒い地域に暮らすどうぶつたちとここだけの出会いをどうぞ。

Winter

Summer

エゾクロテン
Japanese Sable

大陸に分布するクロテンの亜種。アイヌ語の呼び名「カスペキラ」は“しゃもじを持って逃げる”という意味。釧路市動物園でだけ展示しています。

トナカイ
Reindeer

北極圏にすむトナカイは、やっぱり雪景色が似合います。おとなのオスのトナカイは12月にはツノが落ちますが、若いオスではツノが残っています。

ホッキョクグマ
Polar Bear

人気者のホッキョクグマのメス「ツヨシ」。女子が強くたって、いいではありませんか？　足のうらまで毛で覆われているので、雪の上でもすべりません。

※2016年3月、ツヨシはよこはま動物園ズーラシアにお嫁にゆきました。

スキーウエアでどうぶつを見る子どもたち。園内にそりやスキーを体験できるコーナーも。

冬の間、屋外の動物園は寒くて……と足が遠のいている人も多いのではないでしょうか。でも、冬ならではの動物園の楽しみ方もあるのです！　釧路市動物園は、一月から四月上旬頃まで、純白の雪に包まれます。釧路市は野生のタンチョウを観測できる街として有名ですが、動物園でも雪の上で羽を広げる美しい姿が見られます。トナカイやホッキョクグマなど北極圏にすむどうぶつは、釧路の寒い冬がお気に入り。アムールトラの「ココア」も雪が大好きで、うれしそうにはしゃいでいます。しっかり防寒対策をして、のびのびと過ごすどうぶつたちに会いにきてください。

タンチョウ
Red-Crowned Crane

夕暮れにくつろぐつがい。白と黒のコントラストが、雪景色に美しく映えます。種小名“*japonensis*”を背負う、頭部の赤が日本の国旗を思わせます。

北海道ゾーンにある全長150mの木道散策路園。春になると釧路らしい湿原や野鳥が観察できます。

カナダカワウソ
Canadian Otter

北米に生息するカワウソで、日本国内にペアで飼育されているのは同園だけです。寒さに強く水陸どちらでも変わりないほど素早く器用に動き回ります。

エゾヒグマ
Hokkaido Brown Bear

北海道のどうぶつたちは、厳しい寒さも平気。ガラス越しで同じ目線に見るヒグマの大きさは大人もびっくりです。「ヒグマのおやつ」も大好評販売中！

アムールトラ
Siberian Tiger

2008年、2頭のきょうだいと共に足に障害を持ってうまれた「ココア」。今はひとりで少しさびしそうですが、雪が積もるとうれしそうに走り回っています。

雪に埋もれて、顔だけちょこんと出しているキツネのオブジェ。こんな隠しどうぶつが園内のいたるところにあります。

北極動物園

Polar Park

“世界最北端の動物園” というのが同園のキャッチフレーズ。ノルウェーの北部トロムソから少し離れたバッドゥという街にある、ウォーキングサファリ。地元のどうぶつたちに出会える自然たっぷりのノルウェーの森の中を歩いてみれば、その多様性とスケールの大きさに驚くこと請合いです。

北極動物園

所在地：Bonesveien, 9360, Norway

サファリと言いながらゾウもキリンもいない、そんな動物園をイメージできない読者もいるかもしれません。しかしヨーロッパの中でも特に自然がたくさん残されている北欧には固有種も多く、ヨーロッパオオヤマネコやクズリ、ホッキョクギツネやジャコウウシなどなかなか日本国内ではお目にかかれない種もたくさんいます。そんな地元のどうぶつたちだけで構成する動物園、あってもいいじゃありませんか。中でもヨーロッパヒグマのふたご〝ソルト&ペッパー〟は飼育係に育てられたこともあり、人懐こく園内の人気者です。ソルトはアルビノ個体で、ホッキョクグマのように真っ白な体をしていて、茶色いペッパーと好対照の仲良しきょうだいです。しかしながら、我が『どうぶつのくに』読者にお薦《すす》めしたいのはやはりオオカミキャンプ。なんとオオカミの放飼場《ほうしじょう》にテントを張ってお泊まりするというドキドキのスペシャルプログラムです。興味のある方は是非予約してからお出かけください。

鳥羽水族館

Animal info

ジュゴン
Dugong
Dugong dugon

世界に2属4種が現存するのみとなった海牛目の一種。かつては大西洋をのぞく熱帯、亜熱帯の海に広く生息し、沖縄近辺にもたくさんいたが激減。神経質で飼育が難しくこれまで世界で30例以上の飼育記録があるが、全てが短期間。国の天然記念物。

水槽の前にいると、メスのジュゴン「セレナ」がすぐ近くまで寄ってきて、そのつぶらな瞳でじっとこちらを見つめていることがあります。セレナはとても好奇心旺盛で、人間が大好き。だから、知らない人が来ると「誰だろう?」と確認しに来るのです。

セレナは一歳の頃、フィリピンの海で母親とはぐれてひとりでいたところを、鳥羽《とば》水族館とフィリピン政府の共同調査隊に保護されたジュゴンです。授乳期間は実に二年間にも及ぶとされるジュゴンの赤ちゃんは、母親と離れると生きていけません。お母さんジュゴンの左右の胸びれの付け根には一対の乳房があり、授乳のときはほんとうに胸びれで赤ちゃんを抱っこしているかのように見えます。その様子から船乗りたちは人間の女性をイメージしてジュゴン＝人魚とする説が広まったとも言われています。セレナはミルクを人の手で飲ませてもらって元気を取り戻すと、一九八七年にフィリピンから日比友好の印として鳥羽水族館にやってきたのです。

ジュゴンは、熱帯や亜熱帯の海で、海底に生える海草を食べて暮らす草食動物です。海にはイルカやラッコなどの哺乳類がいますが、海草だけを食べているのはジュゴンのみ。海牛目のなかまで、海底に胸びれをついて、海草を食べながら前進するジュゴンは、まさに草原で草を食べるウシのようです。人が飼育するのはとても難しいどうぶつと言われ、現在、飼育されているのは世界で四ヵ所だけ。鳥羽水族館は、日本で唯一ジュゴンが見られる水族館です。鳥羽水族館がジュゴンの飼育に成功している理由は、えさのアマモが安定して入手できていることと、スタッフが生息地の調査を通して、ジュゴンについてよく知っているからでしょう。飼育係の半田由佳理《はんだゆかり》さんは、えさのアマモを毎日三時間かけて準備し、セレナの運動のために一緒に泳いだり、体をさすってマッサージしたりと、ていねいに世話をしています。

以前は三十一年五ヵ月という水族館での世界最長飼育記録を持っていたオスのジュゴン「じゅんいち」がいましたが、二〇一一年にじゅんいちが死亡してからは、セレナの友だちは飼育係をのぞくと遊び相手のカメ「カメ吉」と魚たちだけになってしまいました。ガラス越しにお客様と遊ぶのも、セレナにとってはいい運動です。ちなみに人魚が美しい声で歌をうたって近くに誘い寄せた船乗りたちを惑わせ、船を難破させる……なんて伝説もありますが、セレナも実は「ピー、ピー」と可愛い声でうたうことがあります。しかし安心してください、これはセレナがごきげんなしるし！　みなさんをこころから歓迎してくれているそうですので、船乗りの読者もそうでない読者も、楽しくセレナと遊んであげてください。

鳥羽水族館

営業時間：9:00～17:00（7/20～8/31は8:30～17:30）
入館は閉館１時間前まで。年中無休。
アクセス：伊勢ICから約15分
所 在 地：〒517-8517　三重県鳥羽市鳥羽3-3-6

人魚とジュゴンとマナティーと

属名・英名はマレー語由来で“海の貴婦人”という意味を持つジュゴン。一方、カリブ海の先住民族の言葉で“胸”を意味するところから名前がついたマナティー。どちらも人魚のモデルと言われて久しいどうぶつです。必ずしも美談の伝説ばかりではない人魚ですが、私たち日本人も古くから海に囲まれたこの国で色々な空想をしたのでしょうね。鳥羽水族館ではそんな２種を比較しながら眺めることのできる世界でも珍しい水族館。のんびりゆったり、人魚の泳ぐ姿を楽しんでください。

ジュゴンとマナティーの飼育

鳥羽水族館でジュゴンの飼育が始まったのは一九七七年。来館者たちはもちろん、飼育係たちにとってもまったく未知の存在でした。手探りでスタートした飼育展示は苦労の連続でした。なんとかヒントを得ようとオーストラリアでジュゴン漁を許されている先住民の島々へ調査に行き、ジュゴンの習性を知り尽くす彼らに生態を学んだり、個体を解剖させてもらったりもしたそうです。と、同時にアフリカへマナティーの調査に赴《おもむ》くなど研究を重ねた結果ジュゴンの飼育を始めてから実に十八年後の一九九六年にジュゴンとマナティーを同時に展示することに成功したのです。

鳥羽水族館で最初に飼育されたジュゴン
「じゅんこ（上）」と「じゅんいち（下）」の求愛行動。

「カメ吉」はつらいよ

ジュゴンの「セレナ」と一緒に仲良く泳ぐ姿がかわいらしく、お客様にも大人気の「カメ吉」くん。同じ水槽にいると、セレナがカメ吉を追いかけて泳いだり、寄っていって遊んだりするので、セレナの運動のためには欠かせない存在です。でも、最近は昼の数時間しか、カメ吉をセレナの水槽に入れていません。カメ吉が成長しておとなのカメになり、セレナとあまり遊んでくれなくなっただけでなく、時々、機嫌が悪いとセレナを噛んだりするようになったからです。実は、今のカメ吉は三代目。現在、四代目が待機中なのですが、今のところあまり泳ぎ回らない性格なので、セレナの運動にはなりません。カメ吉役も、簡単ではないのです。

ジュゴンのごはん作り

新鮮で豊富な海草は、ジュゴンの飼育に不可欠。セレナのえさのアマモなどの海草類は、海外から取り寄せています。ただし、釣針などが混ざっていることがあるので、セレナが食べてしまわないよう、飼育係が毎日、金属探知機を使ってチェック。三人がかりで三時間かけて準備をし、一日三十kgを二回に分けてあげています。

えさのアマモを食べるセレナ。自然界でも、ジュゴンが暮らす海草のベッドは魚や海ガメのえさ場になっています。

アマモは1束ずつ網に巻き付けて、セレナが食べやすいように水槽の底に沈めます。

アマモに混じったごみを、一つひとつ取り除きます。海にごみを捨てないでね！

マナティー VS. ジュゴン

見比べられるのは鳥羽水族館だけ！ジュゴンは海で暮らすのに対し
含む現存３種のマナティーたちは主に川で暮らしています。 ここで
ながらご覧いただきましょう。

ジュゴン

海牛目ジュゴン科
体長：2.4～3.0m
体重：250～400kg
分布：太平洋とインド洋の熱帯・亜熱帯の海

め

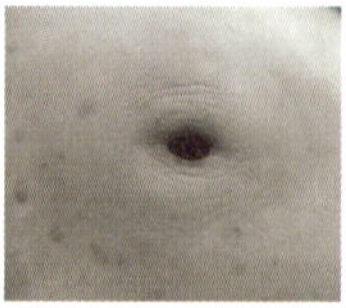

まぶたはなく、眼の周りの筋肉を収縮させてまばたきをします。

みみ

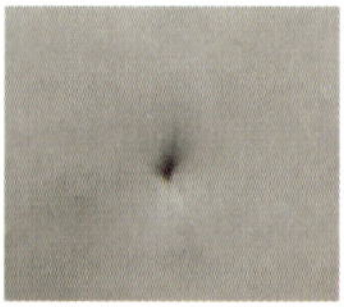

眼の横のほうにある小さな穴が耳です。聴覚は発達しています。

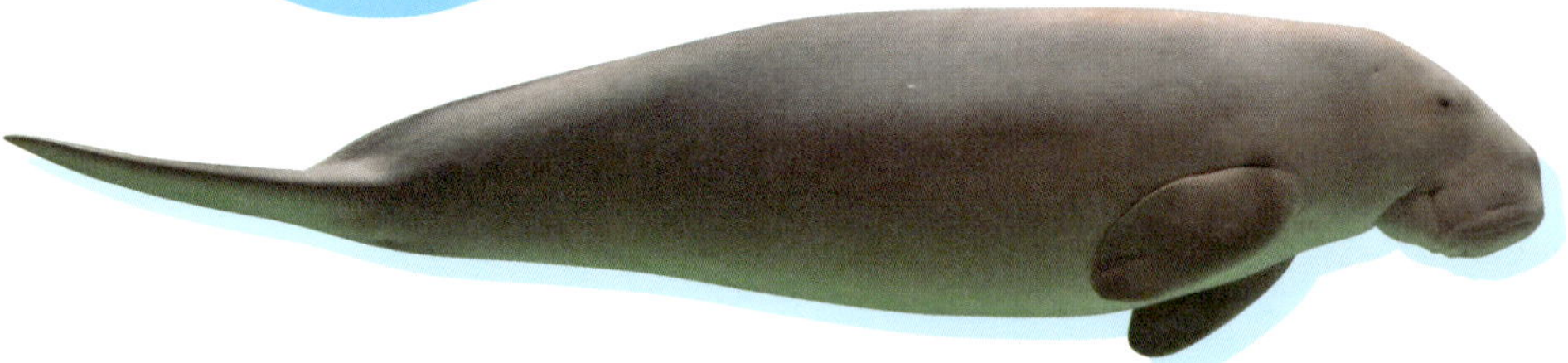

ひふ

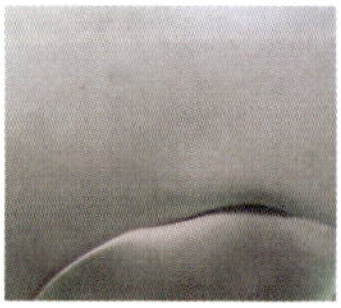

やわらかくてつるつるしているように見えますが、よく見ると細かい毛がまばらに生えています。

尾びれ

イルカのように先が2つに分かれています。

胸びれ

泳ぐときに方向転換をするオールの役割をします。ひじから下が体の外に出ています。

はな

水中では水が入らないように閉じていて、呼吸をするとき開きます。飼育下では3～5分に1回、水面から鼻だけ出して呼吸をします。

くち

ひげ

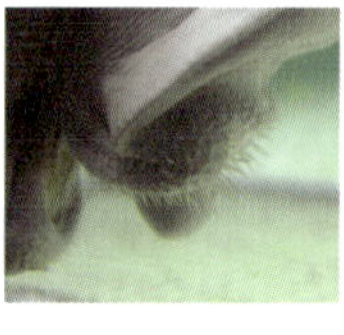

口の周りにはひげがたくさん生えていて、エサを食べる時により分ける感覚毛として発達しています。

うんち

海草は繊維質が多いため、食べてから7～10日間をかけて消化し、よく消化されたうんちをします。うんちは濃緑褐色でほのかに甘酸っぱい香りがします。

比べてみよう！

日本の水族館でジュゴンとマナティーを
て、完全淡水性のアマゾンマナティーを
は「人魚」たちのからだの違いを比較し

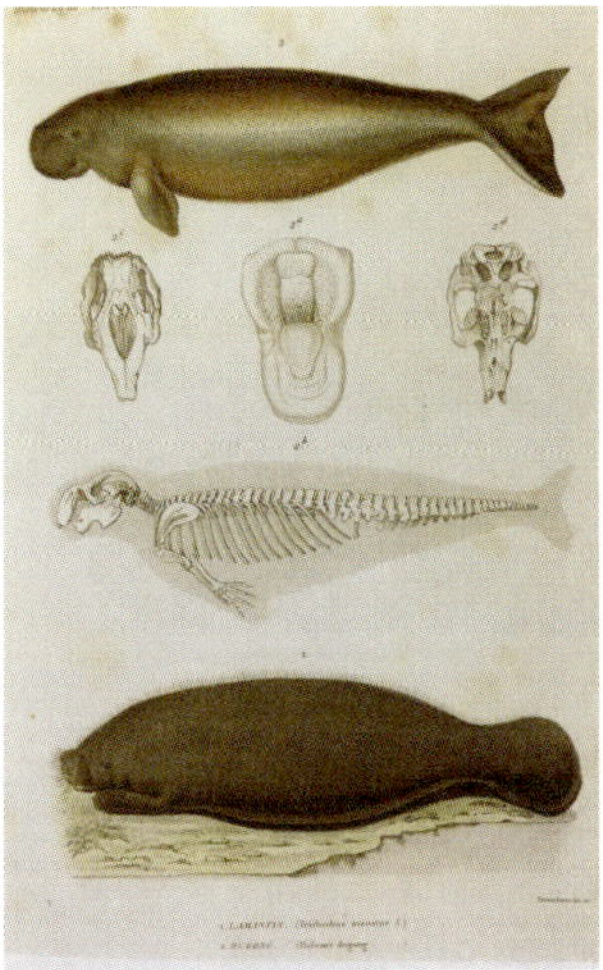

キュヴィエ『動物界』に描かれた
ジュゴン（上）とマナティー（下）

め

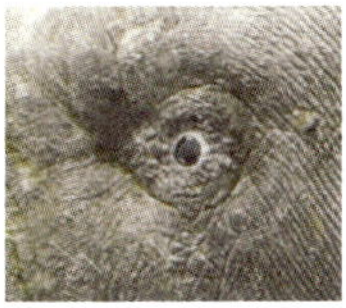

ジュゴンに比べると、やや険しい表情に見える目。

マナティー

海牛目マナティー科
体長：3.5 ～4.5m
体重：500 ～1000kg
分布：南北アメリカ、
西アフリカの河川や湖、
河口、沿岸など

はな

ジュゴンと同じように、水中では閉じ、呼吸をするときに開きます。飼育下では5 ～15 分に1 回、呼吸をします。

胸びれ

ジュゴンより1 関節長く、腕全体が体の外に出ています。大きな尾びれと長い胸びれがあるので、水の少なくなった川でも移動することができます。

尾びれ

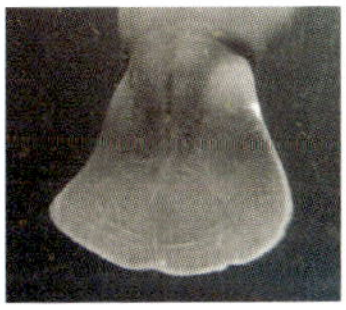

とても大きく、うちわ型をしています。ジュゴンとの違いでもっともわかりやすい特徴。

ひふ

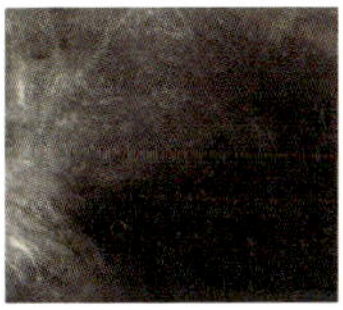

濃い灰色で、固くザラザラしています。表面には細かい毛がまばらに生えています。

くち

水中に浮いた水草や河岸の植物をくちびるでつかんで食べます。海底の海草を食べるジュゴンより、やや上向きに開いています。

うんち

水草や河岸の植物が主食なので、臭くはありません。水族館では牧草や野菜を食べているので、アマモが主食のジュゴンより明るい色をしています。よく消化されたうんちが健康の証拠になるので、水族館では定期的に回収してチェックしています。

ゾウのなかま!?

ジュゴンとマナティーは見た目はイルカやクジラに似ていますが、どちらもゾウと同じ先祖を持つどうぶつです。五千万年前に陸上に住んでいたゾウと同じ祖先のどうぶつが、敵から逃れるために水中生活に適応し、ジュゴンやマナティーに進化していったと考えられています。ジュゴンやマナティーが生息する場所には、海草や水草が繁茂しています。海草や水草だけを食べているライバルは他におらず、人間やサメの他には特に天敵もいません。現在では見た目はゾウとは違いますが、その表情や仕草からゾウの姿を感じることもあります。また、歯の構造や、前あし（胸びれ）の付け根に乳首があるところはゾウと同じです。後ろあしは見えませんが、骨の痕跡が体の中にかくれています。ちなみにもう一種、ハイラックスというどうぶつを皆さんはご存知でしょうか。和名は「イワダヌキ」と訳されている中東やアフリカに生息する、耳を小さくしたウサギのようなどうぶつです。このハイラックスも実はゾウやジュゴンたちと同じく蹄《ひづめ》に似た扁爪《ひらづめ》があります。かつてはげっ歯類としてテンジクネズミの祖先だと誤解されていましたがフランスの動物学者キュビエによって十八世紀に正しく分類されました。特にヨーロッパの動物園においてはこの発見は相当にセンセーショナルで、今なおゾウと海牛目のどうぶつ（多くはマナティー）そしてハイラックスを並べて展示飼育しているところが多いのはそういったわけなのです。

アジアゾウ
Asian Elephant

胸びれの付け根にあるジュゴンの乳首

ケープハイラックス
Cape Hyrax

3種のマナティーたち

現存するマナティーは合計三種のみ。アメリカではフロリダからブラジルの海岸・河口部に生息する「アメリカマナティー」と南米アマゾン川に生息する「アマゾンマナティー」の二種、そして西アフリカの海岸・河口部に生息する「アフリカマナティー」。しかし、この三種の間に形態や生態の絶対的に大きな差は今のところ見当たらないと言われています。そう、つまりこれはアフリカ大陸とアメリカ大陸がその昔ひとつなぎであったことの何よりの証拠に他なりません。今ある大陸や島が億単位、あるいはもっと長い時間をかけて少しずつ変化を繰り返し、今の地球の形があります。しかし、日常生活ではなかなかそんなことに思い至る機会は少ない中、こんなところにもその地球・太古の歴史を紐解くヒントがあるなんて実にロマンティックだと思いませんか。ぼやっとしたマナティーの風貌に「なんだかわからないけど癒《いや》される」とおっしゃるそこのあなたはひょっとして、そんな太古の息吹を知らず知らずのうちに感じているのかも知れません。

アメリカマナティー

アマゾンマナティー

アフリカマナティー

人魚伝説あれこれ

世界中の人魚伝説には、オスの人魚（マーマン）とメスの人魚（マーメイド）が存在していて一見ロマンティックなようですが化け物的に扱われていることも多いよう。ただ、日本だけは少し違っていて、鎌倉時代から解毒剤やちょっとした食卓のメニューとしても記述されています。ちなみに人魚の銅像で有名なデンマークには、あるとき困っていた人魚を助けると、そのお礼に人魚が海岸を黄金の鱗で覆ってくれて、助けた本人は村にその一部を寄付して幸せに暮らしたという恩返しストーリーがあります。どうも浦島太郎を思わせるエピソードなのですが、この「寄付した」というところがバッドエンドを防ぐポイントだったのかも知れませんね。

①

②

③

④

⑤

⑥

⑦

①鳥山石燕の「人魚図」 ②トルコ・イズミールの壁画にデザインされた海神「トリトン」と海の女神「ネレイド」、またその愛獣で半馬半魚の「ヒッポカンパス」 ③ルイ・ルナール『モルッカ諸島産彩色魚類図譜』より世界最古の「人魚図」 ④ドイツ・ライン川の「ローレライ」石像 ⑤デンマーク・コペンハーゲンの人魚像 ⑥タイの人魚図：「ラーマキエン」より猿王ハヌマーンが人魚姫マッチャーに求婚するエピソードを描いたもの ⑦人魚の剝製：18世紀にはサルの頭部と魚類の頭部をくっつけたものが流通していました

鳥羽水族館のマナティー

鳥羽水族館では二頭のアフリカマナティーたちが仲良く暮らしています。一九九六年にギニアビサウ共和国のジェバ川からやって来たオス「かなた」、そして二〇一〇年にギニア共和国から入館したメスの「みらい」です。水槽で仲良く並んで寝ていることもありますが、みらいのほうが気が強いよう。みらいはいつもオスのかなたのえさを奪おうとして、飼育係の三《み》谷《たに》伸《しん》也《や》さんに叱られています。それでもみらいは、三谷さんがかなたにえさをあげていると、隙を狙って背後から近寄り、えさを取ろうとするのだとか。アフリカマナティーは自然界では河岸の植物を食べていますが、ウォーターレタスなどの水草や鳥羽水族館では牧草、レタス、ニンジンなどを二頭で一日に合計約四十kg与えています。

モントレー水族館
Monterey Bay Aquarium

アメリカ西海岸、サンフランシスコから南へ約 200km のモントレー湾に面する同館。もとは缶詰工場だった建物を改築し、ラッコなど地元のどうぶつたちの調査研究にも力を注ぐ一大海洋生物研究所に。1984 年のオープン以来、今なお“世界中から愛される水族館”のひとつとして絶大な人気を博しています。

モントレー水族館

営業時間：10:00〜18:00
（夏期、冬期で開館時間が異なります。）
所 在 地：886 Cannery Row, Monterey, CA 93940

同館の人気の秘訣《ひけつ》を一口に語ることは簡単ではありません。モントレー湾の生物多様性に恵まれていることはもちろんですが、そのひとつひとつの展示にかける情熱と学術的なバックグラウンドは一朝一夕に真似できる代物《しろもの》ではないのです。他の水族館では当時から人気だったイルカのショーなどに頼らないこと、一般に海では嫌われ者とされるクラゲを逆《さか》手《て》にとって芸術的な展示にまで昇華させたこと、などなど、現在ではスタンダードになりつつある多くの展示飼育方法において、世界中の水族館に影響を与えたことは改めて語るまでもありません。昨今では“Seafood Watch”と銘打って、食卓に並ぶ魚介類の自然界における位置づけを意識させるプロジェクトもスタートし、水族館が一般市民に対して担《にな》う新たな役割と存在価値を提示しているあたりも流石《さすが》と言われる所以《ゆえん》でしょう。水族館という施設の存在が街おこしのシンボルたり得た、世界で最も有名な例でもあります。

どうぶつのくに All Stars

動物園は、お好きですか？

『どうぶつのくに』編集長
田井基文

『どうぶつのくに』は、毎月ひとつの動物園や水族館を特集する小さな無料の雑誌ですが、おかげさまで多くの読者に楽しみにしていただいているようです。毎月の部数には限りがあり、時には入手が困難なことから〝幻のフリーペーパー〟などと紹介されていることもあるようで、なんともうれし恥ずかしい気持ちになります。それでいて、手にしたいと思ってくださる方すべてに行き届かないのは申し訳なくも思っております。

そこで今回は、多くの読者のリクエストにお答えすべく、まずはこれまでに発行した八十五冊の中から十二の動物園と水族館を選んで第一巻を書籍化させていただきました。収録した園館によっては、取材から日時が経ち本誌に掲載した個体が亡くなったりしたところもありますが、本書では追加取材をしたものもあれば敢《あ》えて当時の様子をそのまま掲載したものもあります。

時代に合わせて動物園や水族館が市民に対して担《にな》う役割や、その在り方は変わってゆきますし、また、ゆかねばなりません。〝生きた博物館〟たる施設からどうぶつたちの暮らす自然環境を伝える施設へ、その自然を単に消費する機関からより自律・自立的な機関へと、着実に変貌を遂《と》げてきています。一概に「動物園のどうぶつはかわいそう」とは決して言えなくなっていて、また昨今水族館との垣根が低くなったことで、どちらにとってもより

レンジを広げる相乗効果が生じていることは間違いありません。

かつての〝見世物〟だった時代は終わりましたが、私個人はシンプルに「見たことのないどうぶつに会いたい」という欲求に応《こた》えてくれるかけがえのない場としての存在価値も忘れて欲しくはありません。動物園や水族館にも四季があり、違った光と空気の中で日々どうぶつたちが来園者とともに織り成すドラマがあります。この本をきっかけにまずは近くの、ときには遠くのどうぶつたちに会いに行ってみていただけたら幸いです。

この場を借り、日頃より『どうぶつのくに』を支えてくださる世界中全ての皆様に御礼を申し上げます。ご愛読くださる読者の皆様はもちろん、日々現場で試行錯誤を繰り返しどうぶつたちと向き合う飼育係たち、そして本誌の発行に深く継続的なご理解とご支援をくださる株式会社ニコンの皆様にも、こころから感謝の気持ちを伝えたいと思います。

また最後に改めて私の人生における四大賢人へ感謝と敬愛の念を示すことをお許しください。まずは言わずと知れた日本の動物園・水族館世界最強の〝スーパー・レジェンド〟こと正田《しょうだ》陽一《よういち》先生。その知性と国際性で私をインスパイアしてくださる〝ミスター・水族館〟こと安部義孝さん。その侠気と冒険心で私に勇気を与えてくださる〝ミスター・サムライ〟こと村上龍男さん。そしてその好奇心と探究心で私にはまだまだ越えなければならない壁があると教えてくださる我が師、〝ミスター・動物園〟こと小宮輝之さん。

まだまだ『どうぶつのくに』が進化してゆけるように、これからも変わらぬご支援とご愛読をお願いします。

著者：田井 基文
写真：田井 基文
装丁デザイン：澁谷 克彦
誌面デザイン：森田 知加子／加藤 幹也（『どうぶつのくに』）
編集：田井 基文／中島 理恵（『どうぶつのくに』）、
堀 彩子（講談社）
イラスト：櫻井 乃梨子、北原 明日香

取材協力：アクアマリンふくしま、沖縄こどもの国、
池田市立五月山動物園、鶴岡市立加茂水族館、
広島市安佐動物公園、アドベンチャーワールド、
長崎バイオパーク、おたる水族館、体感型動物園 iZoo、
虹の森公園おさかな館、釧路市動物園、鳥羽水族館

特別協力：正田陽一（東京大学 名誉教授）、
小宮 輝之（上野動物園 元園長、足拓墨師）、
安部 義孝（アクアマリンふくしま 館長）、
村上 龍男（加茂水族館 前館長）、
伊藤 雅男（長崎バイオパーク 副園長）、
田口 勇輝（安佐動物公園 飼育係）、
川本 守（おたる水族館 飼育係）、
神前 和人（おたる水族館 広報）、
吉岡 由恵（沖縄こどもの国 広報）、
津村 英志（虹の森公園おさかな館 館長）、
ユルゲン・ランゲ（ベルリン動物園・水族館　前統括園長）、
ミュレイ・ウィルソン（クイーンズランド政府　環境局）

初出

『どうぶつのくに』

アクアマリンふくしま　vol.30 September 2011
沖縄こどもの国　vol.58 January 2014
池田市立五月山動物園　vol.78 September 2015
鶴岡市立加茂水族館　vol.64 July 2014
広島市安佐動物公園　vol.55 October 2013
アドベンチャーワールド　vol.29 August 2011
長崎バイオパーク　vol.41 August 2012
おたる水族館　vol.60 March 2014
体感型動物園 iZoo　vol.65 August 2014
虹の森公園おさかな館　vol.63 June 2014
釧路市動物園　vol.36 March 2012
鳥羽水族館　vol.40 July 2012

上記の号を元に、加筆・修正・再編集いたしました。
「世界の動物園・水族館」は単行本オリジナルです。

どうぶつのくに

第一刷発行　2016年3月15日

著者　田井《たい》 基文《もとふみ》
発行者　鈴木 哲
発行所　株式会社　講談社
〒112－8001
東京都文京区音羽2－12－21
出版　03－5395－3505
販売　03－5395－5817
業務　03－5395－3615

印刷所　凸版印刷株式会社
製本所　大口製本印刷株式会社

定価はカバーに表示してあります。

落丁本・乱丁本は購入書店名を明記のうえ、小社業務あてにお送りください。送料小社負担にてお取り替えいたします。
なお、この本についてのお問い合わせは文芸第二出版部あてにお願いいたします。

ISBN 978-4-06-219981-0
N.D.C.915 217p 21cm